Abitur Skript

Chemie

Gymnasium · Gesamtschule
Niedersachsen

STARK

Inhalt

Reaktionstypen und Reaktionsmechanismen

Steuerung chemischer Reaktionen

Säure-Base-Reaktionen

Redoxreaktionen

Elektrochemie

Chemische Thermodynamik

Autoren: Birgit Schulze, Thomas Gerl

Vorwort

Liebe Schülerin, lieber Schüler,

dieses handliche Buch bietet Ihnen einen systematischen **Leitfaden** zu allen Lehrplaninhalten, die Sie im Chemie-Abitur in Niedersachsen im **erhöhten Anforderungsniveau** (eA) und im **grundlegenden Anforderungsniveau** (gA) **ab 2021** benötigen. Durch seinen klar strukturierten Aufbau eignet sich der Band besonders zur Auffrischung und Wiederholung des Prüfungsstoffs kurz vor dem Abitur bzw. als Ergänzung während der intensiven Vorbereitung auf die Prüfung.

- Zu Beginn jedes Kapitels finden Sie für das Stoffgebiet **zentrale Aussagen passend zu den Unterkapiteln**.
- Passgenaue **Beispiele** sind durch eine Glühbirne gekennzeichnet und veranschaulichen die Theorie.
- Wichtige **Regeln, Tipps** und **Hinweise** sind in einem grauen Kasten aufgeführt.
- Nur für das **erhöhte Anforderungsniveau** relevante Inhalte sind durch eine Linie am linken Seitenrand gekennzeichnet.
- Anschauliche **Übersichten** fassen ausgewählte Themen grafisch oder tabellarisch zusammen.
- Das **Stichwortverzeichnis** führt schnell und treffsicher zum gesuchten Lernstoff.

Viel Erfolg bei der Abiturprüfung!

Birgit Schulze

Thomas Gerl

Ausführliche Erläuterungen sowie viele Übungsaufgaben finden Sie in unseren Abitur-Trainingsbänden mit Lernvideos:

- **Abitur-Training Chemie 1** (Bestell-Nr. 947418V)
- **Abitur-Training Chemie 2** (Bestell-Nr. 947428V)

Die offiziellen Prüfungsaufgaben der letzten Jahre mit Lösungen und vielen nützlichen Hinweisen zu Ablauf und Anforderungen des Zentralabiturs enthält der Band **Abiturprüfung Chemie Niedersachsen** (Bestell-Nr. 35731).

Grundlagen und chemische Reaktion

1 Anorganische und organische Stoffe

Schon gewusst?

❶ Im Periodensystem sind alle derzeit bekannten chemischen Elemente tabellarisch angeordnet.

❷ Die organische Chemie beschreibt das Leben und ist die Chemie der Kohlenstoffverbindungen.

❸ Anorganische Moleküle sind eher klein und bestehen aus nur wenigen Atomsorten.

Alle in der Natur vorkommenden sowie die bisher künstlich erzeugten chemischen Elemente sind tabellarisch im Periodensystem der Elemente (kurz: PSE) aufgeführt.

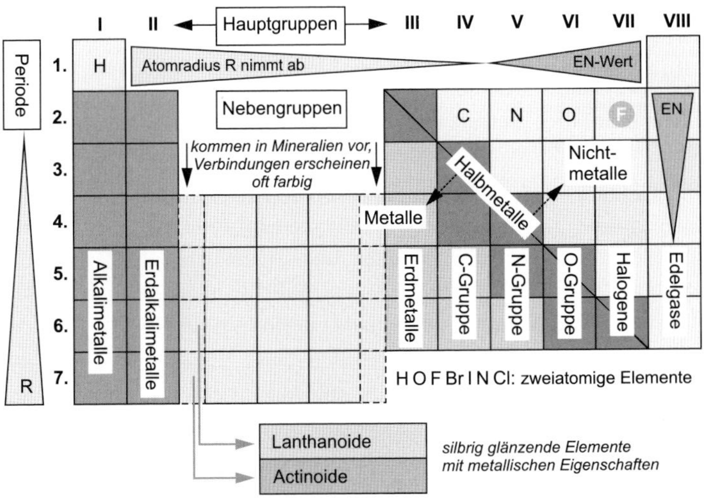

Jedem Element ist genau eine **Ordnungszahl** zugewiesen. Diese entspricht sowohl der Anzahl der Protonen im Kern als auch der Gesamtelektronenzahl in der Atomhülle.

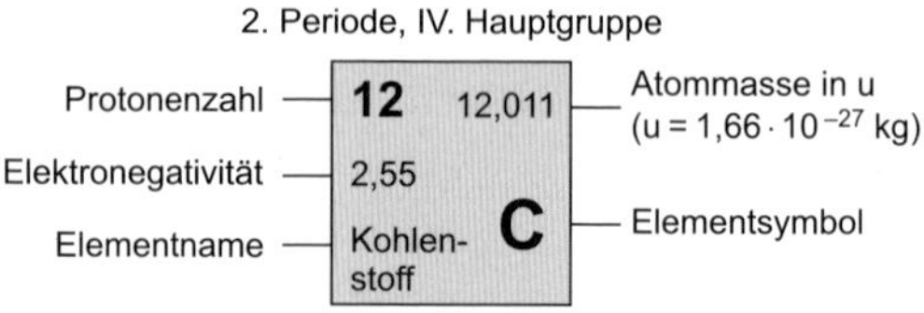

Folgende Kenndaten können im PSE abgelesen werden:

- Die **Atommasse** ist in u angegeben, entspricht aber zahlenmäßig der Molmasse (Einheit: $g \cdot mol^{-1}$).
- Die **Elektronegativität** (kurz: EN) ist ein Maß für die Fähigkeit eines gebundenen Atoms, die Bindungselektronen anzuziehen. Die Werte nehmen im PSE von rechts nach links und von oben nach unten ab.
- Bei den Hauptgruppenelementen entspricht die **Gruppennummer** der Anzahl der Außenelektronen sowie der höchstmöglichen Oxidationsstufe.

In der Chemie wurde historisch zwischen der „belebten" organischen Chemie und der „unbelebten" anorganischen Chemie unterschieden, die Einteilung kann auch heute weiter als Orientierung gelten.

Die Organik ist die Chemie der **Kohlenstoffverbindungen**. Da das Element eine besondere Bindungsfähigkeit aufweist, gibt es viele verschiedene Reaktionsmöglichkeiten und es entstehen Moleküle, die sehr groß und verzweigt sein können. Außerdem erweitern die vielen (reaktiven) funktionellen Gruppen das Reaktionsspektrum.

Dagegen enthalten die meisten anorganischen Moleküle keinen Kohlenstoff, mit Ausnahme weniger Verbindungen, die ähnlich aufgebaut sind (z. B. Carbonate).

	Anorganik	Organik
Typische Verbindungen	Metalle, Halbmetalle, Komplexe, (anorganische) Säuren bzw. Basen, Salze	Kohlenstoffverbindungen (außer Kohlenstoffoxiden, Kohlensäure und ihren Salzen, Carbiden, Ruß)
Molekülaufbau	periodisch, geringe Atomanzahl, kovalente Verbindungen sind meist klein	groß, teilweise verzweigt, enthalten: C, H, O, N und Halogene
Wirtschaftliche Verwendung	Metalllegierung, Keramik, Zement, Halbleiterindustrie (Silicium)	Lebensmittel, Kunststoffe, Klebstoffe, Farbstoffe, fossile Brennstoffe, Werkstoffe
Gesetzmäßigkeiten	Gasgesetze, MWG, chemisches Gleichgewicht, Thermodynamik, Elektrochemie	definierte Reaktionstypen je nach Art des Moleküls
Typische Reaktionen	Säure-Base-Reaktionen, Redoxreaktionen: Salzbildung (aus Metallen und Nichtmetallen), elektrochemische Prozesse (Elektrolyse)	Substitutionen, Polyreaktionen

2 Bindungstypen

Schon gewusst?

❶ Aufgrund von elektrostatischen Wechselwirkungen können zwei oder mehrere Atome zu einem Verband zusammentreten.

❷ Man unterscheidet zwischen der Elektronenpaarbindung, der Komplexbindung, der Ionenbindung und der metallischen Bindung.

❸ Die Bindungsenergie steht für den Energiebetrag, der aufgebracht werden muss, um eine vorhandene kovalente Bindung homolytisch in zwei Radikale aufzuspalten.

❹ Mehrfachbindungen sind kürzer und stabiler als Einfachbindungen.

In einer chemischen Verbindung sind zwei oder mehrere Atome oder Ionen aneinander gebunden.

Merke: Die Bindung mit einem geeigneten Partner ist energetisch günstiger gegenüber den einzelnen ungebundenen Teilchen. In der Chemie gilt meistens: Je energieärmer ein Zustand ist, desto stabiler ist dieser!

Einer chemischen Bindung liegen grundsätzlich **elektrostatische Wechselwirkungen** zwischen entgegengesetzten Ladungen zugrunde. Ein entscheidender Faktor bei der Bildung eines Teilchenverbandes sind die Elektronegativitätsunterschiede der beteiligten Atome. Die **Elektronegativität** ist das Maß für die Anziehungskraft der Bindungselektronen und kann am Periodensystem abgelesen werden.

Besonders in der zweiten Periode gilt streng die **Oktettregel**. Demnach streben Atome der Hauptgruppen in Molekülen acht Außenelektronen an, also die sog. **Edelgaskonfiguration**. Alternativ werden die Außenelektronen an geeignete Bindungspartner komplett abgegeben, sodass wiederum die Edelgaskonfiguration vorliegt.

Hinweis: Die Oktettregel kann auch bei Elementen der höheren Perioden angewendet werden; sie gilt dann allerdings nicht mehr so streng. Es gibt dort viele Ausnahmen (z. B. die Oktettaufweitung).

Man unterscheidet folgende Bindungstypen:

Atombindung	Komplexbindung	Ionenbindung	metallische Bindung
Moleküle	**Komplexe**	**Ionenkristalle**	**Metalle**
Nichtmetallatome	Metallatome (Zentralatom) und Moleküle / Ionen	Metall- und Nichtmetallatome	mehrere Metallatome
kovalent: jeder Bindungspartner liefert ein Elektron	koordiniert: Moleküle liefern Bindungselektronen	elektrostatisch: EN-Werte sehr unterschiedlich ($\approx \Delta EN > 1{,}8$)	positive Atomrümpfe bilden Metallgitter
polar: EN-Werte unterschiedlich ($\approx \Delta EN > 0{,}4$), asymmetrische Verteilung der Bindungselektronen, Teilladungen unpolar: EN-Werte gleich		Metallatome geben Außenelektronen an Nichtmetallatome ab	Außenelektronen bilden eine Elektronenwolke
		Salze bilden Ionengitter	

Tipp: Die Differenz der Elektronegativitätswerte (ΔEN) ist nicht allein ausschlaggebend, ob eine kovalente (polare) Elektronenpaarbindung oder eine ionische Bindung vorliegt. Das hängt zusätzlich noch von der Größenverteilung der Atome ab.

Es gibt folgende messbare **Parameter** zur Beschreibung einer Atombindung (auch: Elektronenpaarbindung):

- Bindungslänge in nm oder pm (⇒ Abstand)
- Bindungs- / Dissoziationsenergie in $kJ \cdot mol^{-1}$ (⇒ Bindungsstärke)

Hinweis: Die molare Bindungsenergie von Ionenkristallen wird als Gitterenergie bezeichnet.

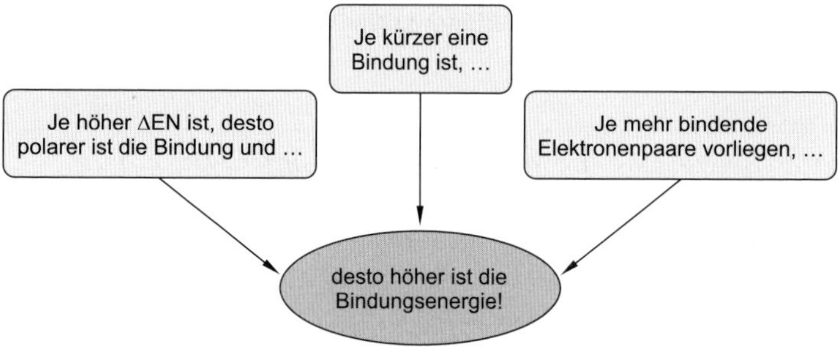

Neben Einfachbindungen findet man in chemischen Verbindungen auch die kürzeren **Mehrfachbindungen** (Doppel- oder Dreifachbindungen).

Merke: Liegen in einem Molekül mehrere Mehrfachbindungen vor, die durch genau eine Einfachbindung voneinander getrennt sind, spricht man von **konjugierten** Doppel- oder Dreifachbindungen.

Da für die (homolytische) Aufspaltung von zwei oder drei bindenden Elektronenpaaren mehr Energie aufgebracht werden muss, sind Mehrfachbindungen stabiler als Einfachbindungen.

Hinweis: Diese Bindungsstabilität sagt nichts über die Reaktivität der Mehrfachbindung aus. Oft sind Mehrfachbindungen nämlich reaktiver als Einfachbindungen, z. B. gegenüber Halogenen.

3 Zwischenmolekulare Wechselwirkungen

Schon gewusst?

❶ Zwischenmolekulare Wechselwirkungen sind vergleichsweise schwache Kräfte.

❷ Die Stärke der zwischenmolekularen Wechselwirkungen hat u. a. Einfluss auf den Schmelz- und Siedepunkt und die Löslichkeit chemischer Verbindungen.

❸ Man unterscheidet Van-der-Waals-Kräfte, Dipol-Wechselwirkungen und Wasserstoffbrückenbindungen.

Zwischen den einzelnen Molekülen einer chemischen Verbindung existieren die sog. **zwischenmolekularen (Anziehungs-)Kräfte**. Diese verhältnismäßig schwachen Wechselwirkungen beeinflussen bzw. erklären die Eigenschaften einer Verbindung (insbesondere den Aggregatzustand).

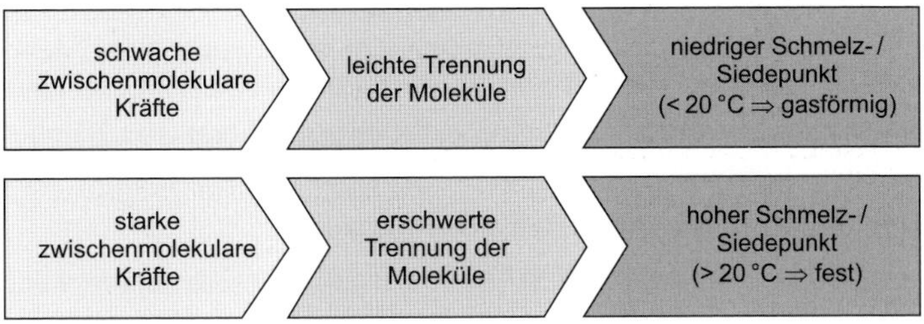

Außerdem lässt sich der Grundsatz der Löslichkeit „Ähnliches löst sich in Ähnlichem“ mithilfe der zwischenmolekularen Wechselwirkungen erklären.

Man unterscheidet vier Typen der zwischenmolekularen Wechselwirkungen:

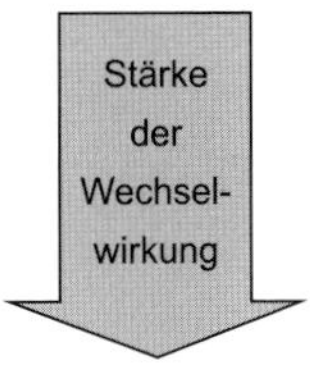

- Van-der-Waals-Kräfte
- Dipol-Ion-Kräfte
- Dipol-Dipol-Kräfte
- Wasserstoffbrückenbindungen

Die **VAN-DER-WAALS-Kräfte** sind die schwächsten der zwischenmolekularen Wechselwirkungen und entstehen zwischen unpolaren Molekülen (auch: LONDON-Kräfte). Durch die spontane Bewegung der Elektronen können kurzzeitig unsymmetrische Ladungsverteilungen im Molekül auftreten, die ihrerseits in einem benachbarten Molekül ein temporäres **Dipolmoment** induzieren können.

Merke: In einem Dipol befinden sich zwei gleich große elektrische Ladungen entgegengesetzter Polarität in räumlicher Nähe zueinander.

Es kommt zu einer Anziehung, die allerdings eine sehr geringe Reichweite hat. Die Stärke der VAN-DER-WAALS-Wechselwirkungen ist von der Molekülgröße („je kleiner, desto schwächer“) und dem Verzweigungsgrad („je stärker, desto schwächer“) abhängig.

Ein permanenter Dipol entsteht, wenn zum einen eine **polare Atombindung** vorliegt und zum anderen die **Ladungsschwerpunkte** nicht aufeinanderfallen. Man muss also unbedingt den räumlichen Bau des Moleküls beachten.

Kohlenstoffdioxid im Vergleich mit Wasser:

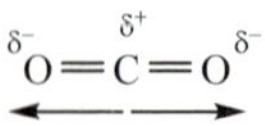

CO_2 ist kein Dipolmolekül, da im linearen Molekül die Ladungsschwerpunkte aufeinanderfallen und sich so gegenseitig aufheben.

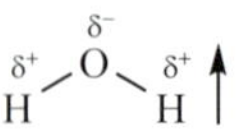

H_2O wirkt als Dipol, da im gewinkelten Molekül die Ladungsschwerpunkte nicht aufeinanderfallen und so nach außen als Partialladung wirken können.

Dipol-Dipol-Wechselwirkungen sind gerade in kleinen Molekülen ebenfalls eher schwach bzw. kommen erst bei niedrigen Temperaturen (geringe Molekularbewegung, mehr Wechselwirkungszeit) zum Tragen. Die Ausbildung einer Hydrathülle um Ionen (Hydratation) lässt sich mithilfe der Dipol-Ion-Kräfte erklären.

Hinweis: Manchmal werden die Dipol-Dipol- sowie die Dipol-Ion-Kräfte mit den LONDON-Kräften unter dem Begriff VAN-DER-WAALS-Wechselwirkungen zusammengefasst.

Die **Wasserstoffbrückenbindung** tritt bei sehr starken Dipolen auf und stellt die stärkste zwischenmolekulare Kraft dar. Sie entspricht ungefähr 1/10 der Bindungsenergie einer kovalenten Bindung und wirkt daher bereits bei kleinen Molekülen.
Es handelt sich um eine gerichtete Wechselwirkung zwischen einem stark positiv polarisierten Wasserstoff-Atom und einem stark elektronegativen (Nichtmetall-)Atom eines Nachbarmoleküls.

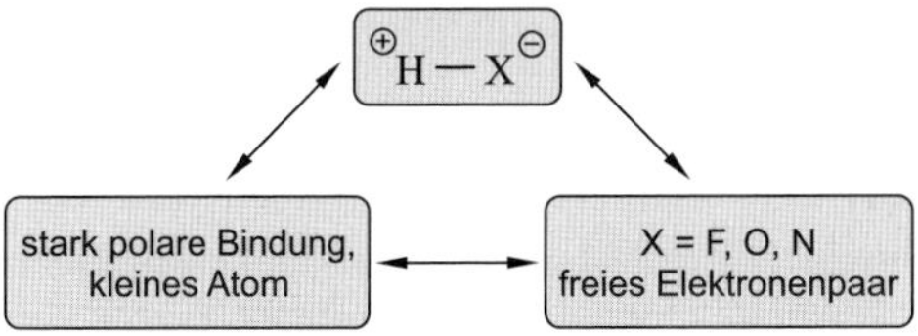

Wasserstoffbrückenbindungen bestimmen beispielsweise:
- die physikalischen Eigenschaften (z. B. den Siedepunkt)
- die Wasserlöslichkeit
- den Aufbau von Biomolekülen

4 Reaktionsgleichungen aufstellen

Schon gewusst?

❶ Reaktionsgleichungen beschreiben eine chemische Reaktion im stöchiometrischen Verhältnis. Reaktionsschemata zeigen dagegen nur, welche Verbindungen zu welchen Verbindungen umgesetzt werden.

❷ Für die reagierenden Teilchen werden Formeln verwendet. Die Formel stellt die kleinstmögliche Einheit einer Verbindung dar.

❸ Zum Ausgleichen der Reaktionsgleichung müssen die Molzahlen der beteiligten Elemente sowie die Ladungssumme links und rechts vom Reaktionspfeil gleich sein.

Die **Stoffumwandlung** der Reaktionspartner wird in einer Reaktionsgleichung in Symbolschreibweise dargestellt. Dabei sind die Edukte (Ausgangsstoffe) durch einen Reaktionspfeil in Umsatzrichtung von den Produkten (Endstoffen) getrennt:

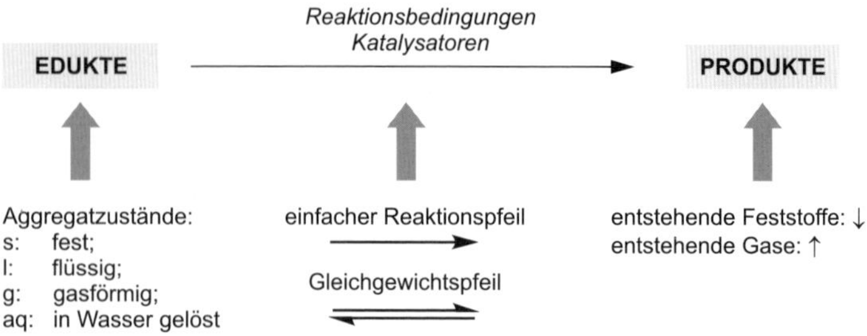

Um die Stöchiometrie zu erfüllen, werden (möglichst) ganzzahlige Faktoren vor die Molekülformeln geschrieben. Beim Ausgleichen müssen stets die beteiligten Atomsorten sowie die vorliegenden Ladungen beachtet werden.

Verbrennung von Ethanol:

$$C_2H_5OH + 3\,O_2 \longrightarrow 2\,CO_2 + 3\,H_2O$$

Tipp: Immer an die Massenerhaltung denken: Kein Atom geht verloren, keines wird erschaffen. Die Atome werden lediglich umverteilt.

Manchmal charakterisieren bestimmte Signalwörter im Aufgabentext die geforderte Reaktion und helfen uns beim Aufstellen der zugehörigen Reaktionsgleichung:

Signalwort	Beachte beim Aufstellen der Reaktionsgleichung
Gleichgewichtsreaktion	Doppelpfeil verwenden
Verbrennung	Reaktion mit Sauerstoff
Zersetzung	Aufspaltung einer Verbindung in ihre Bestandteile
Pyrolyse	thermischer Abbau einer Verbindung
Thermolyse	Spaltung einer chemischen Verbindung durch Wärmeeinwirkung
Synthese	gezielter Aufbau einer Verbindung
Säure-Base-Reaktion/ Protolyse	nach der Definition nach BRØNSTED findet eine Protonenübertragung von der Säure (Donator) zur Base (Akzeptor) statt
Polymerisation	Aufbau eines Makromoleküls (Polymers) aus seinen Grundeinheiten (Monomeren)
Addition	Anlagerung eines Atoms oder einer Atomgruppe
Substitution	Austausch eines Atoms oder einer Atomgruppe
Eliminierung	Abspaltung eines Atoms oder einer Atomgruppe
Kondensation	Reaktion, bei der ein kleines Molekül (z. B. Wasser) abgespalten wird
Redoxreaktion	zwei Teilreaktionen: Oxidation (Elektronenabgabe) und Reduktion (Elektronenaufnahme), es findet eine Elektronenübertragung statt

5 Stöchiometrisches Rechnen

Schon gewusst?

❶ Anhand einer Reaktionsgleichung können mithilfe einer gegebenen Masse oder eines gegebenen Volumens die restlichen Massen- oder Volumenverhältnisse der Reaktion berechnet werden. Energetische Verhältnisse werden nicht betrachtet.

❷ Die Stöchiometriefaktoren in der Reaktionsgleichung entsprechen der Anzahl an Mol, die in der Reaktion umgesetzt wird.

❸ Für die quantitative Beschreibung von Stoffgemischen können die Größen Massen- und Volumenanteil herangezogen werden.

❹ Bei (industriellen) Synthesen spielt oft die Ausbeute des Produkts eine Rolle.

Da die absolute Teilchenanzahl eine sehr große und damit „unhandliche“ Zahl darstellt, wurde die chemische Größe **Stoffmenge *n*** (Einheit: mol) definiert:

$$n(\text{in mol}) = \frac{N}{N_A}$$

N beliebige Teilchenzahl
N_A Avogadrokonstante

Das Gewicht von einem Mol eines Teilchens ist definiert als die **Molmasse *M*** (Einheit: Gramm pro Mol):

$$M(\text{in g} \cdot \text{mol}^{-1}) = \frac{m(\text{in g})}{M(\text{in mol})}$$

Zahlenmäßig entspricht M der Summe der Atommassen von den enthaltenen Atomen und kann daher direkt aus dem Periodensystem der Elemente abgelesen bzw. berechnet werden.

Für Gase gilt entsprechend das molare **Volumen V_m** (Einheit: Liter pro Mol):

$$V_m(\text{in L} \cdot \text{mol}^{-1}) = \frac{V(\text{in L})}{n(\text{in mol})}$$

Es gilt bei Normbedingungen (0 °C und p = 1 013 hPa) der Satz von AVOGADRO: „Gleiche Volumina von Gasen enthalten bei gleichen äußeren Bedingungen die gleiche Anzahl von Teilchen. Ein Mol jedes Gases besitzt somit immer das gleiche Volumen.“

Für die quantitative Beschreibung von Stoffgemischen sind die chemischen Größen **Massenanteil** und **Volumenanteil** nützlich.

Merke: Der Massen- bzw. Volumenanteil gibt an, wie viel die Masse bzw. das Volumen einer Mischungskomponente relativ zur Gesamtmasse bzw. zum Gesamtvolumen beträgt.

Für ein allgemeines Gemisch aus *Z* Komponenten ergeben sich folgende Berechnungsformeln für die Mischungskomponente *i*:

Massenanteil $$\omega_i = \frac{m_i}{m} \quad \text{mit} \quad m = \sum_{Z=1}^{Z} m_Z$$

Volumenanteil $$\varphi_i = \frac{V_i}{V_0} \quad \text{mit} \quad V_0 = \sum_{Z=1}^{Z} V_Z$$

Der Massen-/Volumenanteil ist eine dimensionslose Größe, deren Wert zwischen 0 und 1 liegt:

Komponente *i* ist nicht im Gemisch enthalten → $0 \le \omega_i \,/\, \varphi_i \le 1$ ← Komponente *i* liegt als Reinstoff vor

Anschaulicher ist die Angabe in Prozent, dazu wird der Wert für ω_i bzw. φ_i mit 100 multipliziert.

Hinweis: Im Gegensatz zum Massenanteil ist der Wert des Volumenanteils temperaturabhängig, da sich Flüssigkeiten und Gase je nach Temperatur und Druck unterschiedlich im Raum ausdehnen.

Ist bei einer Aufgabenstellung die **Masse** oder das **Volumen** eines Edukts oder Produkts gegeben, sollte zunächst die zugehörige **Stoffmenge** berechnet werden:

$$n = \frac{m}{M} \quad \text{oder} \quad n = \frac{V}{V_m}$$

Mithilfe der Reaktionsgleichung und der Stoffmenge kann die Masse oder das Volumen des gesuchten Reaktionspartners ermittelt werden.

Tipp: Dabei stets auf die Einheiten achten! Wenn sich nicht alle Einheiten im Rechnungsterm entsprechend der „Zieleinheit“ kürzen lassen, ist in der Rechnung irgendwo ein Fehler.

Berechnen Sie die Masse sowie das Volumen der Produkte bei der vollständigen Verbrennung von 100 g Zucker:
Reaktionsgleichung:

$$C_{12}H_{22}O_{11} + 12\,O_2 \longrightarrow 12\,CO_2 + 11\,H_2O$$

Berechnung der Stoffmenge des gegebenen Edukts:

$$n(\text{Zucker}) = \frac{m(\text{Zucker})}{M(\text{Zucker})} = \frac{100\text{ g}}{342\text{ g}\cdot\text{mol}^{-1}} = 0{,}29\text{ mol}$$

Mithilfe des Dreisatzes können die Stoffmengen von Kohlenstoffdioxid und Wasser berechnet werden:

$$\frac{1\text{ mol Zucker}}{0{,}29\text{ mol Zucker}} = \frac{12\text{ mol }CO_2}{x\text{ mol }CO_2} \quad \text{bzw.} \quad \frac{11\text{ mol }H_2O}{y\text{ mol }H_2O}$$

$$x = n(CO_2) = \frac{0{,}29\text{ mol}\cdot 12\text{ mol}}{1\text{ mol}} = 3{,}48\text{ mol}$$

$$y = n(H_2O) = \frac{0{,}29\text{ mol}\cdot 11\text{ mol}}{1\text{ mol}} = 3{,}19\text{ mol}$$

Anschließend werden aus den Stoffmengen die Masse sowie das Volumen der beiden Produkte berechnet:

$$V(CO_2) = n(CO_2)\cdot V_m(CO_2) = 3{,}48\text{ mol}\cdot 24\text{ L}\cdot\text{mol}^{-1} = 83{,}52\text{ L}$$

$$m(H_2O) = n(H_2O)\cdot M(H_2O) = 3{,}19\text{ mol}\cdot 18\text{ g}\cdot\text{mol}^{-1} = 57{,}42\text{ g}$$

Antwortsatz: Bei der vollständigen Verbrennung von 100 g Zucker entstehen 83,52 L des Gases Kohlenstoffdioxid und 57,42 g Wasser.

Wenn eine Reaktion nicht vollständig abläuft oder mehrere Reaktionsschritte aufeinanderfolgen, kann sich die theoretisch maximal mögliche Produktmenge verringern. Zahlenmäßig wird das mit der (Produkt-)Ausbeute beschrieben.

Merke: Das Verhältnis der gewonnenen Menge eines Produkts bei einer gezielten (industriellen) Synthese zur theoretisch maximal möglichen Menge bezeichnet man als Ausbeute.

Meist wird die Ausbeute in Prozent angegeben und berechnet sich wie folgt:

$$\text{Ausbeute} = \frac{n(\text{Produkt})}{n_{\text{theoretisch}}(\text{Produkt})}\cdot 100\,\%$$

Organische Stoffklassen

1 Aliphatische Kohlenwasserstoffe

Schon gewusst?

❶ Man unterscheidet die chemische Summenformel von Strukturformeln, wie z. B. der Valenzstrichformel (LEWIS-Formel).

❷ Organische Moleküle können mit der IUPAC-Nomenklatur einheitlich und systematisch benannt werden.

❸ Isomere haben die gleiche Summenformel, unterscheiden sich aber in ihrer räumlichen Struktur.

❹ Die physikalischen Eigenschaften können anhand der zwischenmolekularen Wechselwirkungen erklärt werden.

❺ Alkane und Alkene werden meist durch fraktionierte Destillation (Rektifikation) und Cracking aus Erdöl und Erdgas gewonnen.

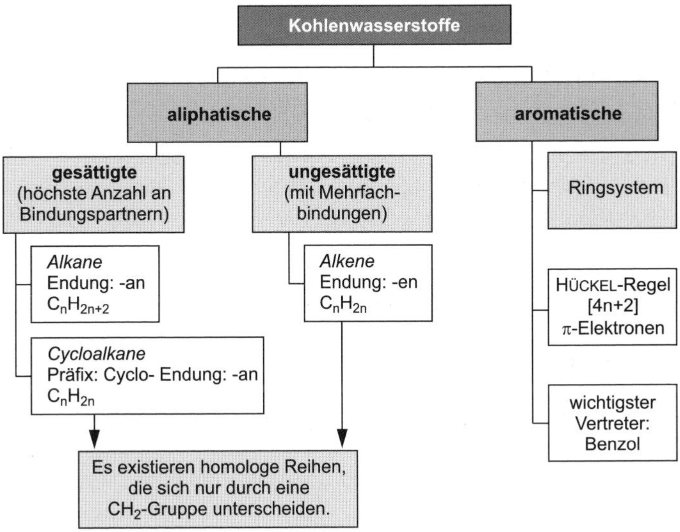

1.1 Formeltypen und EPA-Modell

Die Zusammensetzung einer chemischen Verbindung wird durch die **chemische Formel** beschrieben.

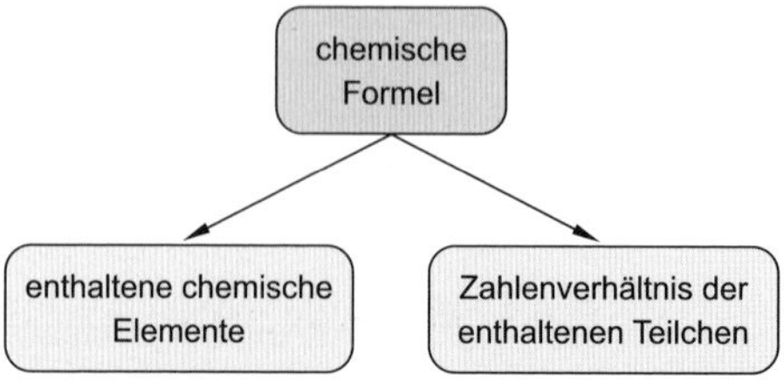

Es existieren unterschiedliche Darstellungsformen, einige davon geben zusätzlich auch Aufschluss über den räumlichen Aufbau der beschriebenen chemischen Verbindung.
Ausgehend von den (im PSE aufgeführten) chemischen Elementen ist in einer Molekülformel die Verbindung von zwei oder mehreren Atomen eines Elements angegeben. Die **Summenformel** beinhaltet alle enthaltenen chemischen Elemente (Hill-System: zuerst C, dann H, dann die anderen Elemente alphabetisch sortiert) sowie deren Häufigkeit in der Verbindung als tiefgestellte Indices. Zum Aufstellen der **Lewis-Formel** (oder **Valenzstrichformel**) benötigt man die Anzahl der Außenelektronen des chemischen Elements, die man im PSE ablesen kann.

Halogen Chlor: Elementsymbol Cl
Anzahl Außenelektronen (VII. Hauptgruppe): 7

⇒ Molekülformel: $Cl_2 \hat{=}$ Summenformel

⇒ Lewis-Formel: $|\overline{\underline{Cl}}—\overline{\underline{Cl}}|$

Bei der Lewis-Formel werden die Bindungsverhältnisse wiedergegeben, Bindungswinkel und -längen werden nicht zwingend miteinbezogen. Die bindenden und nichtbindenden Elektronenpaare werden als Striche dargestellt.
Vor allem für die Elemente der 2. Periode gilt streng die **Oktettregel:** Die Elemente haben das Bestreben, das äußere Energieniveau mit

8 Elektronen voll zu besetzen und damit die stabile Edelgaskonfiguration zu erreichen.
Die Valenzstrichformel (vollständige Strukturformel) kann verkürzt als sog. **Skelett-** oder **Gerüstformel** dargestellt werden. Dabei wird in der C-Kette auf die Elementsymbole verzichtet, die C–H-Bindungen werden weggelassen, und nur die Substituenten ausgeschrieben. Auch die **Halbstrukturformel** ist eine verkürzte Form. Wird dagegen eine Strukturformel mit zusätzlichen Informationen zur Geometrie (Stereochemie) verlangt, bietet sich die Darstellung als **Keilstrichformel** an.

Strukturformeln der Essigsäure (Summenformel C_2H_4O):

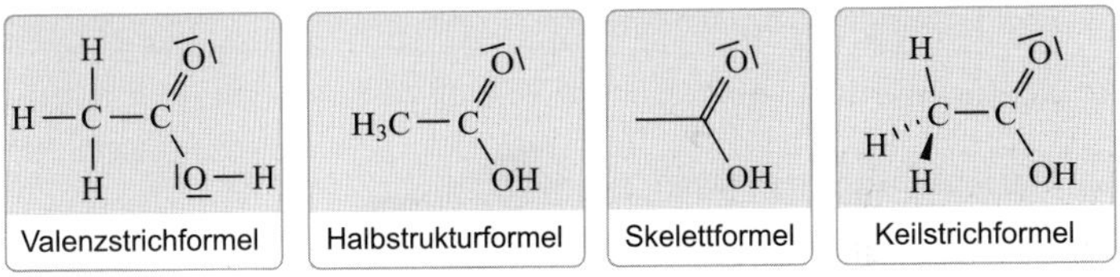

Die räumliche Struktur einer chemischen Verbindung kann auch mithilfe des **E**lektronenpaar-**A**bstoßungs-**M**odells **(EPA-Modells)** beschrieben werden. Die Grundlage des Modells besteht in der elektromagnetischen Abstoßung der äußeren Elektronenpaare, wodurch Atome und freie Elektronenpaare den größtmöglichen Abstand zueinander einnehmen. Die resultierende Molekülgestalt ist dann energetisch besonders günstig. Abhängig von der Anzahl der vorhandenen Bindungen sind viele räumliche Strukturen um das Zentralatom möglich.

Molekülgeometrien

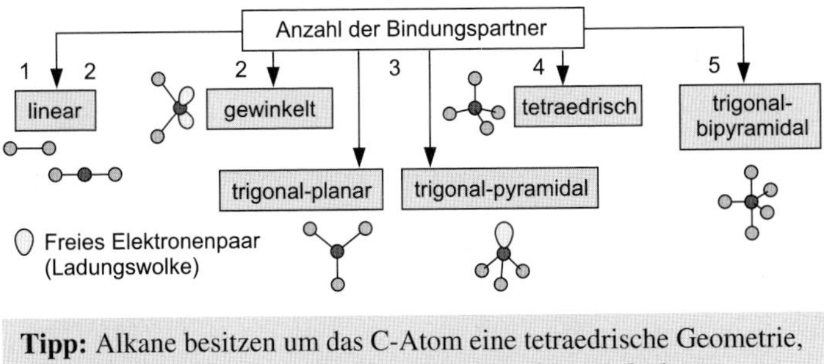

Tipp: Alkane besitzen um das C-Atom eine tetraedrische Geometrie, Alkene sind an der Doppelbindung trigonal-planar aufgebaut.

Kohlenstoffdioxid	Wasser	Nitrat-Ion	Methan	Ammoniak
CO_2	H_2O	NO_3^-	CH_4	NH_3

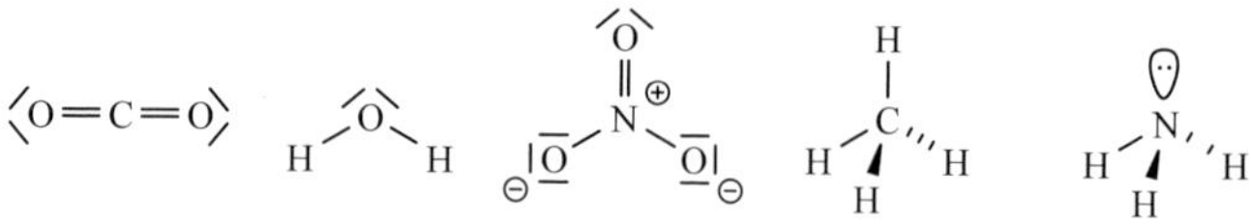

linear	gewinkelt	trigonal-planar	tetraedrisch	trigonal-pyramidal

Hinweis: Freie Elektronenpaare haben einen größeren Raumanspruch als bindende Elektronenpaare und vergrößern damit den Winkel zu den Bindungspartnern.
Zur Vereinfachung werden Mehrfachbindungen wie Einfachbindungen bei der Bestimmung der Molekülgeometrie behandelt.

1.2 IUPAC-Nomenklatur

Die IUPAC-Nomenklatur stellt ein **international einheitliches System** zur Benennung chemischer Stoffe dar. In der organischen Chemie ist der Stammname der Verbindung anhand der Anzahl der vorhandenen Kohlenstoff-Atome festgelegt:

Anzahl der C-Atome	Bezeichnung des Stamms	Bezeichnung des Rests	
1	Meth-	Methyl-	Trivialname
2	Eth-	Ethyl-	
3	Prop-	Propyl-	
4	But-	Butyl-	
5	Pent-	Pentyl-	griechisches Zahlwort
6	Hex-	Hexyl-	
7	Hept-	Heptyl-	
8	Oct-	Octyl-	
9	Non-	Nonyl-	
10	Dec-	Decyl-	

Mithilfe des folgenden **Fließschemas** kann ein unbekannter aliphatischer Kohlenwasserstoff schrittweise korrekt nach der IUPAC-Nomenklatur benannt werden:

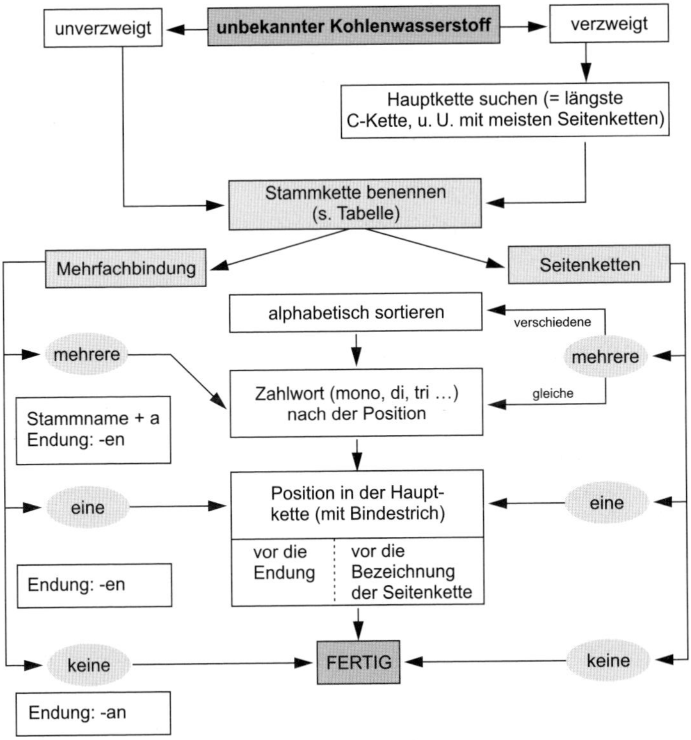

1.3 Isomerie

ISOMERIE

Definition: Chemische Verbindungen haben die gleiche Summenformel und Molekülmasse, unterscheiden sich aber in ihren Strukturformeln.

Konstitutionsisomerie

Definition: unterschiedliche Reihenfolge der gebundenen Atome

Stichwort: VERKNÜPFUNG

Stereoisomerie (Anzahl 2^n)

Definition: gleiche Struktur (Konstitution), aber unterschiedliche räumliche Anordnung (Konfiguration)

Stichwort: DREHUNG der Substituenten

Konfigurationsisomerie

Definition: verschiedene räumliche Anordnung um ein Zentrum

Konformationsisomerie

Definition: Rotationen um eine Einfachbindung

asymmetrische Zentren (Anzahl n)
vier unterschiedliche Substituenten

Diastereomere

Definition: unterschiedliche Konfiguration an einem C-Atom

Enantiomere

Definition: stehen zueinander wie Bild und Spiegelbild

cis-trans-Isomerie

Definition: Substituenten neben einer Mehrfachbindung haben eine unterschiedliche räumliche Lage zueinander.

Isomere des Hexans:

A: n-Hexan

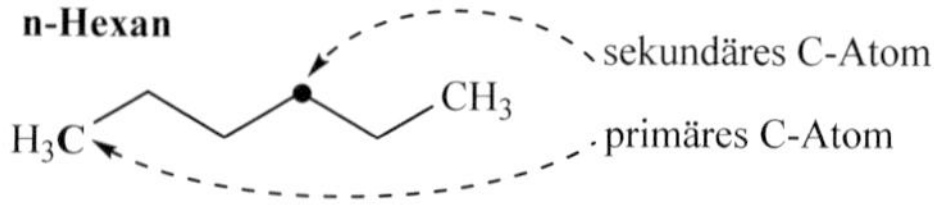

B: 2-Methylpentan oder Isohexan

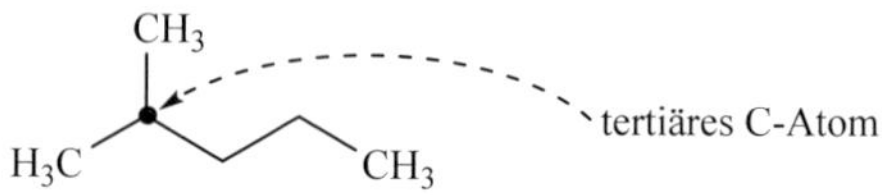

C: 3-Methylpentan

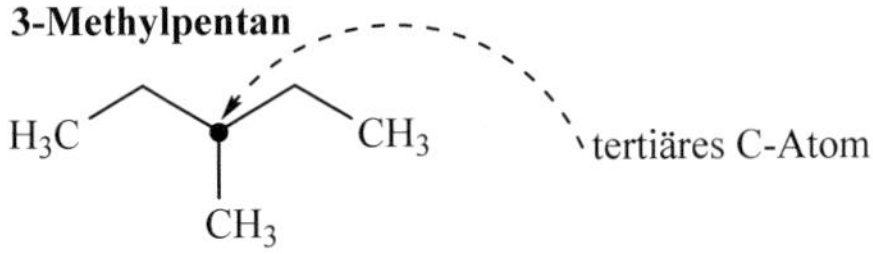

D: 2,2-Dimethylbutan oder Neohexan

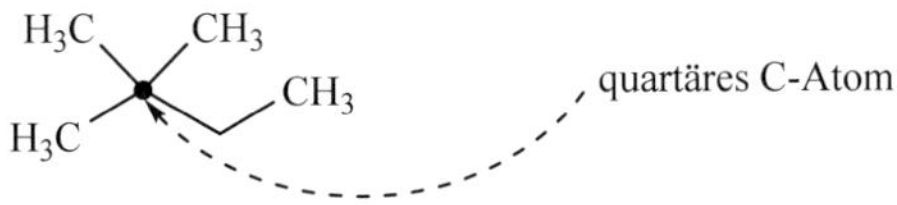

1.4 Struktur-Eigenschafts-Beziehungen

Die physikalischen und chemischen Eigenschaften der aliphatischen Kohlenwasserstoffe können u. a. anhand der vorhandenen **zwischenmolekularen Wechselwirkungen** erklärt werden.

Tipp: Die zwischenmolekularen Wechselwirkungen (meistens VAN-DER-WAALS-Kräfte und Wasserstoffbrückenbindungen) sind schwächere Kräfte als chemische Bindungen.

Alkane und Alkene sind unpolare Moleküle, es wirken daher nur die schwachen **VAN-DER-WAALS-Kräfte** zwischen den Molekülen.

Merke: Die vorhandenen zwischenmolekularen Wechselwirkungen sind **umso stärker**, je...

- höher die Molekülmasse ist (⇒ mit steigender Kettenlänge),
- größer die Moleküloberfläche ist (⇒ mit steigender Kettenlänge),
- näher die Moleküle sich aneinander anlagern können (Stichwort: sterische Hinderungen ⇒ möglichst wenige/kleine Seitenketten).

Je stärker die zwischenmolekularen Wechselwirkungen ausgeprägt sind, desto fester halten die Moleküle einer Verbindung zusammen. Entsprechend wird mehr Wärmeenergie benötigt, um die einzelnen Moleküle voneinander zu trennen und in den gasförmigen Zustand zu überführen.

Der **Aggregatzustand** eines Kohlenwasserstoffs verändert sich mit der Kettenlänge. Kurzkettige Alkane sind bei Raumtemperatur gasförmig.

Alkane mit mittlerer Kettenlänge (bis C_{16}) sind flüssig und lange Alkane sind bei Raumtemperatur sogar fest. Bei Alkenen besteht die gleiche Tendenz, es kommt aber aufgrund der Position und Anzahl der Mehrfachbindungen zu Abweichungen.

Propan und Butan sind sogenannte **Flüssiggase**, da sie durch Druck (wie z. B. im Feuerzeug) im flüssigen Aggregatzustand gehalten werden können.

Die **Siedetemperatur** von Kohlenwasserstoffen steigt ebenfalls mit der Kettenlänge an und nimmt ab, je stärker die entsprechenden Isomere verzweigt sind.

Alkane	• Die Einfachbindungen der Alkane können sich um sich selbst drehen. Daher lagern sich die Moleküle eng zusammen. • Die Van-der-Waals-Wechselwirkungen sind stärker ausgeprägt als bei den Alkenen. • Cycloalkane haben eine höhere Siedetemperatur als die unverzweigten n-Alkane.
Alkene	• Die Doppelbindung ist nicht frei drehbar, daher sind die Van-der-Waals-Wechselwirkungen hier schwächer ausgeprägt. • Alkene haben im Vergleich die niedrigere Siedetemperatur.

Hinweis: Mit zunehmender Kettenlänge werden die Unterschiede zwischen den Stoffklassen geringer.

Alkane und Alkene sind unpolar und daher **nicht in Wasser löslich** (hydrophob). Die Dichte ist geringer als die von Wasser, daher schwimmen die aliphatischen Kohlenhydrate oben. Alkane und Alkene sind lipophil und lösen sich entsprechend gut in unpolaren Lösungsmitteln, wie z. B. Benzol.

Merke: Gleiches löst sich in Gleichem.

Alkane sind im Vergleich zu Alkenen **reaktionsträge**. Die Doppelbindungen der Alkene ziehen aufgrund der freien π-Elektronen elektronenarme Teilchen an und sind daher gut von elektrophilen Agenzien angreifbar.

Stoff-klasse	Typische Reaktionen	Produkte
Alkane	vollständige Verbrennung bei hoher Sauerstoffkonzentration (Redoxreaktion)	$C_nH_{2n+2} + (1{,}5n + 0{,}5)\ O_2 \longrightarrow n\ CO_2 + (n+1)\ H_2O$
	unvollständige Verbrennung bei niedriger Sauerstoffkonzentration (Redoxreaktion)	z. B. Kohlenstoffmonooxid, Ruß
	Halogenierung mit Cl_2 oder Br_2 (radikalische Substitution)	Halogenalkane
Alkene	vollständige Verbrennung (bei hoher Sauerstoffkonzentration)	$C_nH_{2n} + 1{,}5n\ O_2 \longrightarrow n\ CO_2 + n\ H_2O$
	Hydrierung (mit Katalysator)	Alkane
	Halogenierung typischerweise mit Br_2 oder I_2 (elektrophile Addition)	Halogenalkane

Die Reaktion von Alkenen mit Brom dient auch als **Nachweis einer Doppelbindung**. Dazu wird eine organische Verbindung entweder als Gas (z. B. Ethen) in Bromwasser eingeleitet oder als Flüssigkeit (z. B. Penten) mit dem braun gefärbten Bromwasser vermischt. Die elektrophile Addition von Brom an eine in der Probensubstanz vorhandene Doppelbindung entfärbt das Bromwasser. Daran erkennt man ein positives Testergebnis.

1.5 Erdölverarbeitung

Rohöl ist ein Gemisch verschiedener Kohlenwasserstoffe, die sich in ihrem Siedebereich unterscheiden. Dadurch ist es möglich, das Rohöl mittels einer **fraktionierten Destillation** in seine Bestandteile aufzutrennen. Die abgeleiteten Destillate haben unterschiedliche Anwendungsbereiche.
In der Erdölraffinerie wird das Prinzip der **Rektifikation** genutzt. Bei diesem energetisch günstigeren Verfahren steht in einer Kolonne der

heiße Dampf mehrfach nacheinander mit den flüssigen Kondensaten in Kontakt (sog. Gegenstromdestillation). Der heiße Dampf kann auf jeder Ebene an kuppelförmigen Destillationsglocken kondensieren. Da die Temperatur nach oben stetig abnimmt, befinden sich oben nur noch die flüchtigeren Substanzen in der Gasphase.

Die fraktionierte Destillation von Rohöl

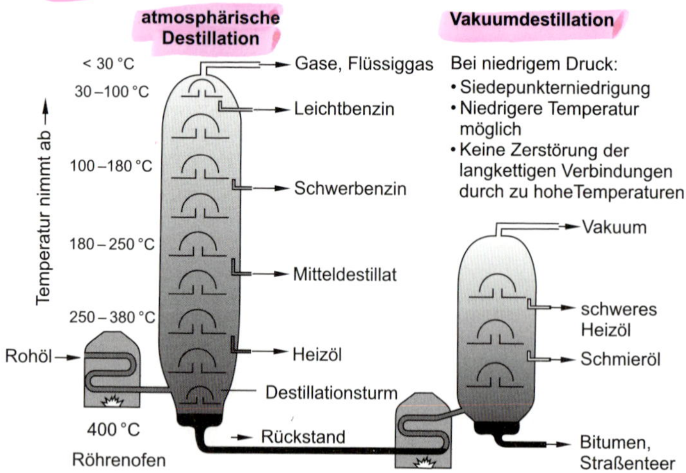

Die leicht verdampfbaren Erdölbestandteile werden zunächst bei **normalem Druck** getrennt. In einer zweiten Kolonne wird dann der schwer verdampfbare Rückstand **im Vakuum** erneut destilliert. Aufgrund des geringen Bedarfs an schwerem Heizöl können die langkettigen Kohlenwasserstoffe auch im **Cracking-Verfahren** aufgespalten werden. Die entstehenden kurzkettigen Verbindungen können zu Benzin, Diesel oder leichtem Heizöl umgesetzt werden.

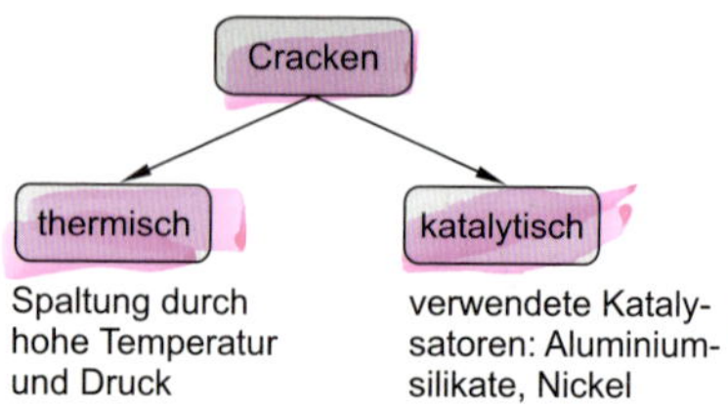

Vorsicht: Schwermetalle im Rückstand können Katalysator schädigen!

2 Aromatische Kohlenwasserstoffe

Schon gewusst?

❶ Aromaten sind zyklische Kohlenwasserstoffe, die abwechselnd (alternierend) eine C–C-Einfach- und eine C=C-Doppelbindung aufweisen. Man spricht auch von konjugierten Doppelbindungen.

❷ Aromaten sind mesomeriestabilisiert, da sie ein delokalisiertes π-Elektronensystem besitzen.

Die einfachste aromatische Verbindung ist **Benzol** mit der Summenformel C_6H_6. Das Molekül ist **mehrfach ungesättigt** und hat die folgende Strukturformel:

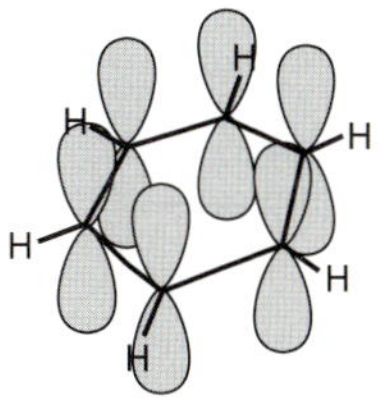

Benzol: π-Elektronen

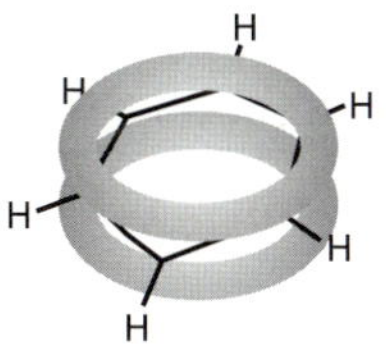

delokalisierte π-Elektronen

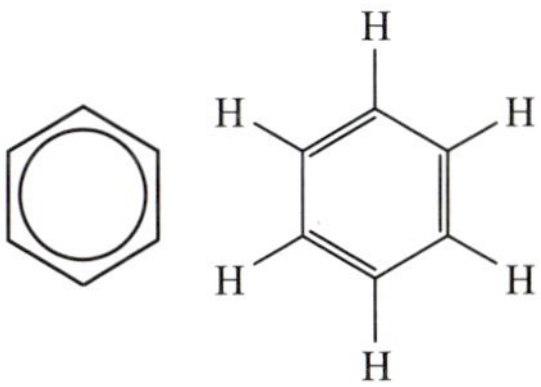

Strukturformel

Jedes C-Atom bildet drei planare gleichwertige Einfachbindungen aus, deren Bindungslänge zwischen der einer Einfach- und der einer Doppelbindung liegt. Alle Atome befinden sich in einer **Ebene** mit einem Bindungswinkel von **120°**. An den drei Einfachbindungen sind drei Elektronen eines Kohlenstoff-Atoms beteiligt. Das vierte Elektron jedes Kohlenstoff-Atoms hält sich ober- bzw. unterhalb des zyklischen ebenen Ringsystems auf und wird als **π-Elektron** bezeichnet. Die π-Elektronen bilden eine „Elektronenwolke", in der die Elektronen frei beweglich sind **(delokalisiertes π-Elektronensystem)**.

Gemeinsamkeiten aller aromatischen Systeme:

- Sie besitzen eine planare Ringstruktur.
- Sie weisen zyklische Ringe mit konjugierten Doppelbindungen, d. h. wechselnden Doppelbindungen und Einfachbindungen, auf.
- Jedes Kohlenstoff-Atom steuert ein π-Elektron bei.
- Die Anzahl der delokalisierten π-Elektronen entspricht der Formel $4n+2$ **(HÜCKEL-Regel)**. Dabei ist n eine positive ganze Zahl.

Die Delokalisation der Elektronen kann in einer Strukturformel nur schwer dargestellt werden. Dabei hilft das sog. **Mesomeriemodell**.

Merke: Die Elektronenverteilung einer aromatischen Verbindung kann nur mithilfe mehrerer mesomerer Grenzformeln dargestellt werden.

Für Benzol hat AUGUST KEKULÉ 1872 zwei mesomere Grenzstrukturen aufgestellt:

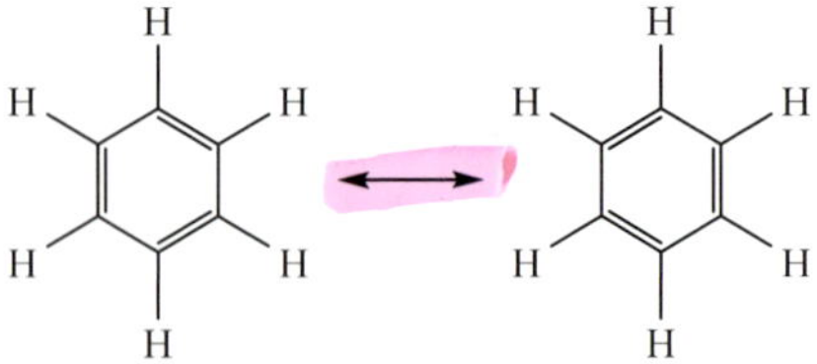

Keine dieser Grenzformeln beschreibt die vorliegenden Bindungsverhältnisse im Benzol hinreichend, der reale Bindungszustand liegt irgendwo dazwischen und wird als **mesomerer Zustand** bezeichnet. Dargestellt wird das mithilfe des Mesomeriepfeils (⟷).

Hinweis: Der Mesomeriepfeil darf nicht mit dem Gleichgewichtspfeil verwechselt werden. Es findet hier keine chemische Reaktion statt.

Die Energiedifferenz zwischen den Grenzstrukturen (energiereicher) und dem tatsächlichen mesomeren Zustand (energieärmer) wird als **Mesomerieenergie** (E_{mes}) bezeichnet. Die Delokalisation der Elektronen setzt also Energie frei:

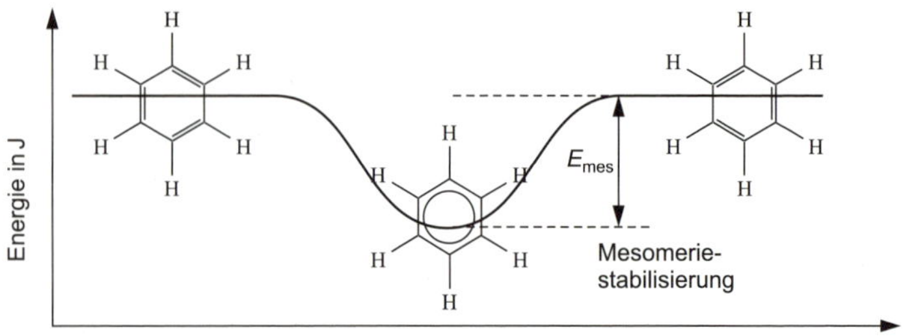

Merke: Die Mesomerieenergie einer Verbindung ist umso größer, je mehr gleichwertige Grenzstrukturen formuliert werden können.

Je mehr mesomere Grenzstrukturen formuliert werden können, desto stabiler ist die Verbindung. Nicht jede mesomere Grenzstruktur hat die gleiche Relevanz. Eine **Gewichtung** erfolgt nach diesen Kriterien:

- Alle Atome sollten die Oktettregel erfüllen.
- Eine Ladungstrennung erfordert Energie. Daher sind mesomere Grenzstrukturen, die sowohl eine positive als auch eine negative Formalladung besitzen, weniger relevant.
- Sitzt eine negative Formalladung an einem stark elektronegativen Atom oder eine positive Formalladung an einem Atom mit einem kleinen EN-Wert, so trägt die betreffende Grenzstruktur stärker zu dem realen Bindungszustand bei (höhere Gewichtung).

Sowohl **Phenol** als auch das **Phenolat-Ion** besitzen formal jeweils vier mesomere Grenzformeln:

Phenol

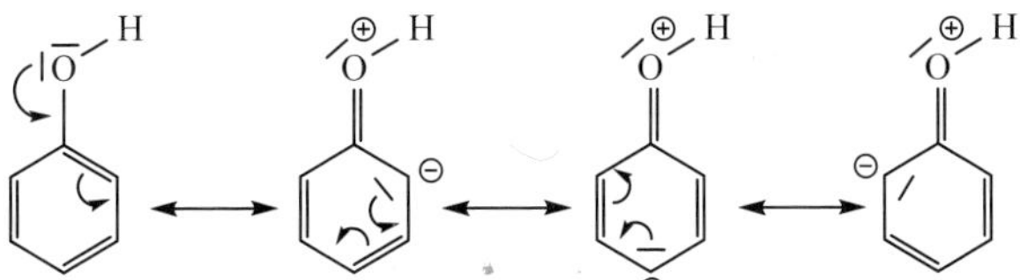

Phenolat-Ion

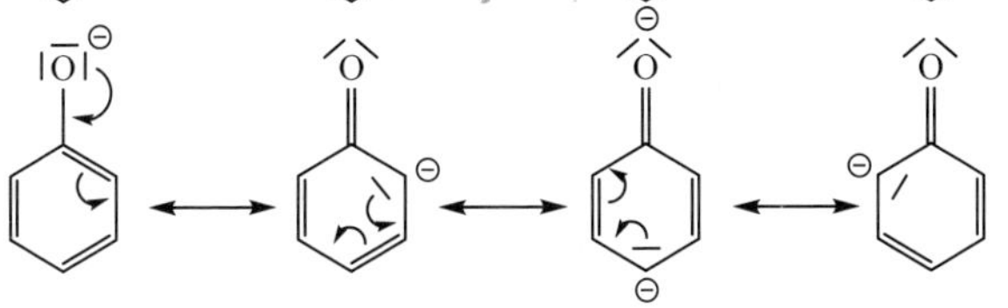

Die mesomeren Grenzstrukturen des Phenolat-Ions haben nach den genannten Kriterien aber eine höhere Gewichtung. Daraus lässt sich ableiten, dass das **Phenolat-Ion** stärker **mesomeriestabilisiert** ist (da sich die negative Ladung im gesamten Ringsystem verteilt). Daher reagiert in wässriger Lösung Phenol als Säure und gibt ein Proton ab. Aromaten sind trotz der konjugierten C=C-Doppelbindungen sehr **stabil** und dadurch äußerst **reaktionsträge**.

Hinweis: Die vorhandenen Doppelbindungen können **nicht** durch die Reaktion mit Bromwasser nachgewiesen werden, da es sich dabei um eine Additionsreaktion handelt, die die Aromatizität zerstören würde.

3 Sauerstoffhaltige Kohlenwasserstoffe

Schon gewusst?

❶ Einfache Alkohole sind Alkane, bei denen an ein Kohlenstoff-Atom eine Hydroxy-Gruppe gebunden ist. Komplexere Alkohole besitzen mehrere Hydroxy-Gruppen.

❷ Aldehyde (Alkanale) und Ketone (Alkanone) gehören zu den Geruchsstoffen und besitzen jeweils eine Keto-Gruppe, die bei den Aldehyden zusätzlich ein Wasserstoff-Atom gebunden hat.

❸ Alkane, die endständig eine Carboxy-Gruppe besitzen, werden als Carbonsäuren bezeichnet. Die Vertreter der homologen Reihe besitzen viele Trivialnamen.

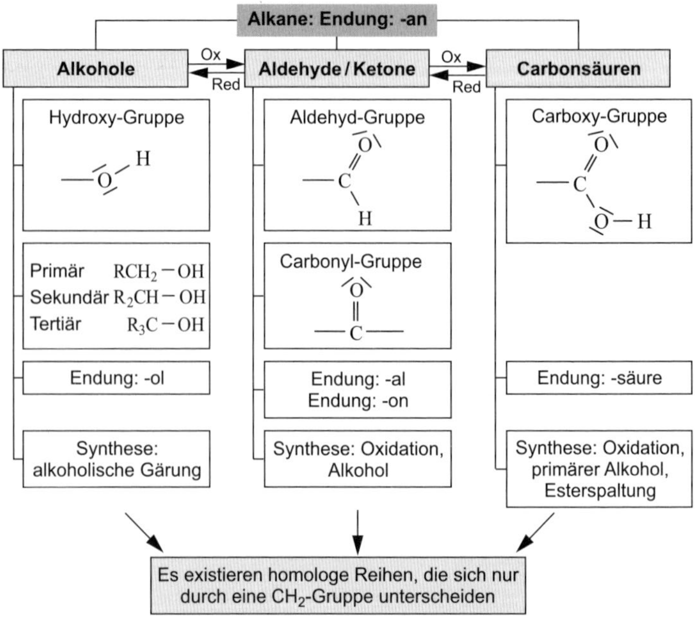

3.1 IUPAC-Nomenklatur

Es gelten grundsätzlich die gleichen Regeln wie bei den aliphatischen Kohlenwasserstoffen. Je nach vorhandener funktioneller Gruppe wird die unbekannte Verbindung der entsprechenden Stoffklasse zugeordnet und die jeweilige Endung an den Stammnamen der Alkane angehängt.

Hinweis: Bei den sauerstoffhaltigen Kohlenwasserstoffen existieren viele Trivialnamen, die sich z. B. vom Vorkommen ableiten (Ameisensäure, Essigsäure oder Buttersäure).

Sind mehrere funktionelle Gruppen vorhanden, so wird die Stoffklasse ausgewählt, deren funktionelle Gruppe die höchste Priorität hat:

Carboxy > Carbonyl > Hydroxy > Halogen

Die Carboxy- und die Aldehydfunktion sind immer endständig, daher entfallen bei diesen Stoffklassen die Positionsnummern (außer es sind noch andere Substituenten im Molekül vorhanden).

3.2 Struktur-Eigenschafts-Beziehungen

Carbonsäuren und Alkohole sind aufgrund der Carboxy- bzw. Hydroxy-Gruppe stark polar und bilden intermolekulare **Wasserstoffbrückenbindungen** aus. Diese zählen zu den stärksten zwischenmolekularen Wechselwirkungen und führen daher zu einem festen Zusammenhalt der Moleküle.

Molekül	Polarität im Molekül	Intermolekulare Wasserstoffbrücken
Ameisensäure	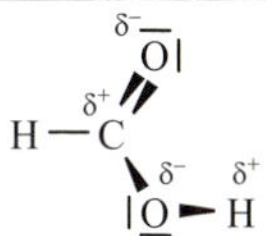	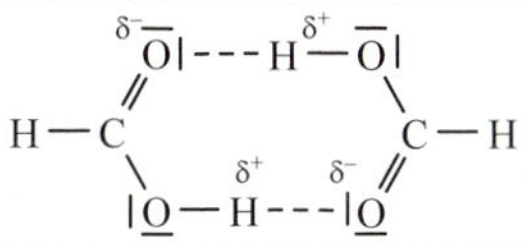
Ethanol	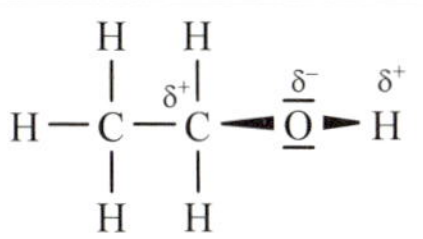	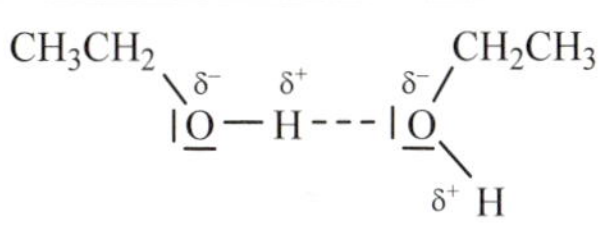

Aldehyde und **Ketone** enthalten beide die schwächer polare Keto-Gruppe und die Moleküle werden untereinander „nur“ durch **Dipol-Dipol-Wechselwirkungen** zusammengehalten.

Die **Siedetemperaturen** der vier Stoffklassen liegen höher als die der Alkane mit derselben Kettenlänge. Es ergibt sich beim Vergleich folgende Reihenfolge:

Carbonsäuren > Alkohole > Aldehyde / Ketone > Alkane

Kurzkettige sauerstoffhaltige Kohlenwasserstoffe sind **hydrophil** und lösen sich besser in Wasser als die entsprechenden Alkane. Ab der Anzahl von vier Kohlenstoff-Atomen überwiegt der Einfluss der **hydrophoben** Kohlenstoffkette und die Verbindungen lösen sich besser in lipophilen Lösungsmitteln.

Carbonsäuren wirken **sauer**, da das endständige H-Atom der Carboxy-Funktion stark polarisiert ist und dadurch leicht als Proton abgespalten werden kann.

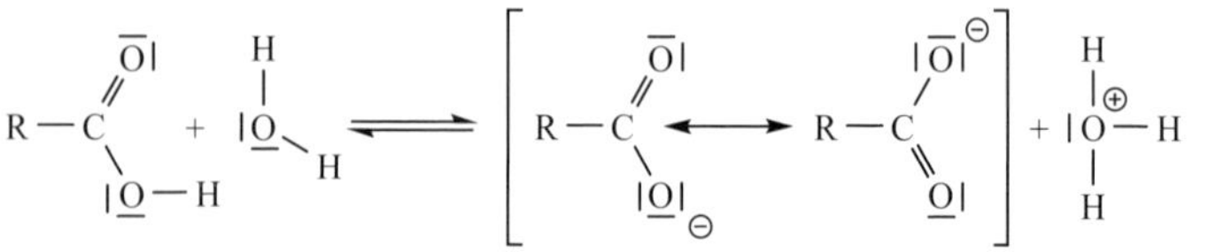

Carboxylat-Ion Oxonium-Ion

Das entstehende Carboxylat-Anion ist **mesomeriestabilisiert**. Daher reagieren Carbonsäuren in wässriger Lösung stark sauer. Mit zunehmender Kettenlänge sinkt jedoch die Polarität an der Carboxy-Funktion und das Carboxylat-Anion ist weniger mesomeriestabilisiert. Daher nimmt die **Säurestärke** in der homologen Reihe ab.

Alkohole können von starken Basen ebenfalls deprotoniert werden, es entstehen die sog. **Alkoholate**.
Alkohole sind allerdings schlechte Säuren:

$$R-\overline{\underline{O}}-H \longrightarrow R-\overline{\underline{O}}|^{\ominus} + H^{\oplus}$$

Die reaktionsfreudige Aldehyd-Gruppe wirkt **reduzierend** (gibt bevorzugt Elektronen ab). Eine freie Aldehyd-Gruppe kann mithilfe der

FEHLING- oder Silberspiegelprobe (TOLLENS-Probe) nachgewiesen werden (siehe S. 38).

Aufgrund der polaren funktionellen Gruppen sind die sauerstoffhaltigen Kohlenwasserstoffe sehr reaktionsfreudig und können sowohl mit nukleophilen als auch elektrophilen Agenzien reagieren:

Stoffklassen	Typische Reaktionen	Produkte
Carbonsäuren	Neutralisation mit Basen	Carbonsäuresalze (Endung: -oat) und Wasser
	Dehydratisierung (Eliminierung bei hohen Temperaturen, reversibel)	Carbonsäureanhydride
(Carbonsäuren + Alkohole)	Veresterung (Kondensation, säurekatalysiert)	Ester (–COO–) und Wasser
Alkohole	Oxidation primärer Alkohole (reversibel)	Aldehyd ⇒ Carbonsäure
	Oxidation sekundärer Alkohole (reversibel)	Keton
	Verbrennung mit Luftsauerstoff (Redoxreaktion)	Kohlenstoffmonooxid und Wasser
	Etherbildung aus zwei Alkoholen (Kondensation, säurekatalysiert)	Ether (–O–) und Wasser
	Dehydratisierung (Eliminierung bei 170 °C)	ungesättigter Kohlenwasserstoff und Wasser
(Alkohole + Aldehyde/Ketone)	Acetalbildung (säurekatalysiert)	Halbacetale ⇒ Acetale
Aldehyde/ Ketone	Oxidation Aldehyde	Carbonsäuren
	Nachweis Aldehyde: FEHLING-Probe	Carbonsäure, schwerlösliches Kupfer(I)-oxid
	Nachweis Aldehyde: Silberspiegelprobe	Carbonsäure, Silber, Ammoniak und Wasser
	allg.: nukleophile Additionen	Hydroxy-Funktion

4 Synthetische Makromoleküle

Schon gewusst?

❶ Werkstoffe aus synthetischen Makromolekülen nennt man Kunststoffe. Sie tragen die Vorsilbe „Poly-“ im Namen.

❷ Beim Erwärmen verhalten sich Kunststoffe entweder als Thermoplaste (sie schmelzen) oder als Duroplaste (sie behalten die Form). Elastomere unter Zug oder Druck verhalten sich elastisch.

Synthetische Makromoleküle entstehen durch die wiederholte Verknüpfung von reaktionsfähigen kleinen Molekülen, den Monomeren. In den Polymeren finden sich entsprechend wiederholende Strukturelemente (Repetiereinheiten).

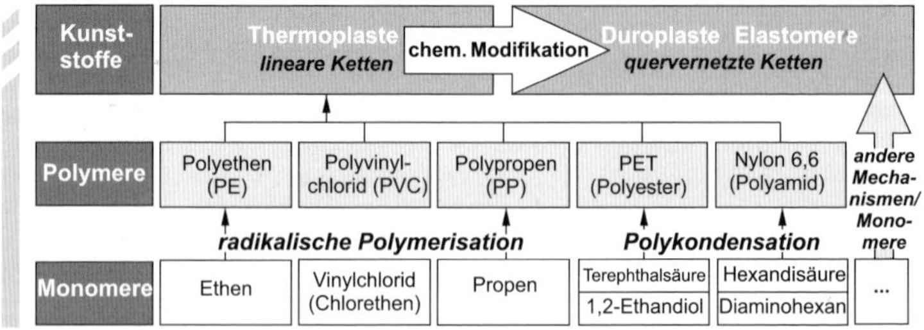

4.1 Nomenklatur

Die chemischen Namen synthetischer Makromoleküle enthalten oft die Vorsilbe „Poly-“. Besteht ein solches Polymer nur aus einem Monomertyp, ergibt sich oft folgende Bezeichnung:

Poly + Trivialname des Monomers

Polyethen besteht aus vielen miteinander verknüpften Ethen-Molekülen.

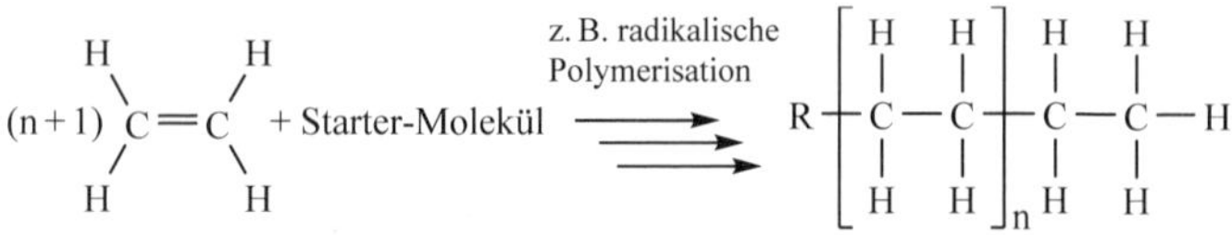

Kunststoffe aus nur einem Alken-Typ werden auch **Polyolefine** genannt. Baut sich ein Polymer dagegen aus mehreren Monomertypen auf, findet sich im Polymernamen oft die neu entstandene Funktionalität, wie z. B. bei den Polyestern, Polyamiden oder Polyethern.

4.2 Struktur-Eigenschafts-Beziehungen

Das Verhalten beim Erhitzen hängt maßgeblich von der Struktur der Polymere ab. Die folgende Tabelle vergleicht Thermo- und Duroplaste.

	Thermoplastische Polymere	**Duroplastische Polymere**
Monomere	bivalente Moleküle *oder* Moleküle mit nur einer C=C-Doppelbindung	tri- bis polyvalente Moleküle *oder* Moleküle mit mehreren C=C-Doppel- bzw. mind. einer C≡C-Dreifachbindung
Aussehen	Gemisch nicht miteinander verbundener Makromoleküle, d. h., die Ketten lassen sich gegeneinander verschieben 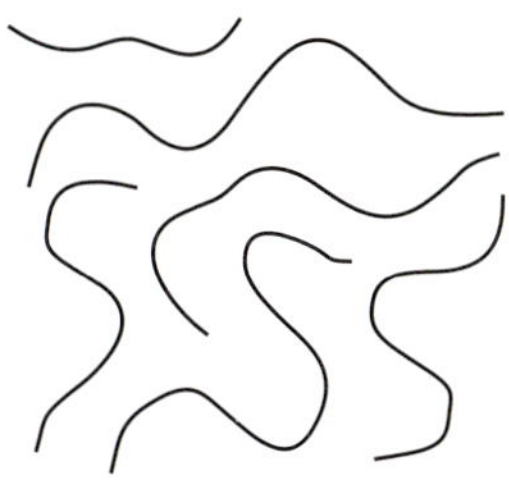	dreidimensionales Netzwerk, d. h., alle Atome befinden sich in einer festen Position 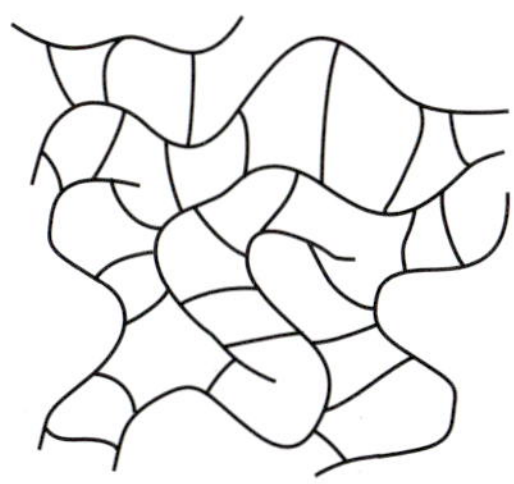
Erhitzen	zwischenmolekulare Kräfte brechen auf ⇒ Verformung	Atombindungen brechen auf ⇒ Zersetzung
Abkühlen	neue zwischenmolekulare Kräfte bilden sich aus ⇒ beständige Verformung	andere Verbindung, die nicht mehr die Eigenschaften des ursprünglichen Polymers besitzt

Die Umwandlung **thermoplastischer Kunststoffe** in Duroplaste erfolgt durch die Verknüpfung unvernetzter Makromoleküle zu einem dreidimensionalen Netzwerk. Hierfür eignen sich Polymere mit reaktiven Seitenketten (z. B. Carbonsäure-, Hydroxy- oder Amino-Gruppen), die mit einem weiteren Edukt zur Reaktion gebracht werden können.

Quervernetzung durch Veresterung einer Carbonsäure-Seitenkette:

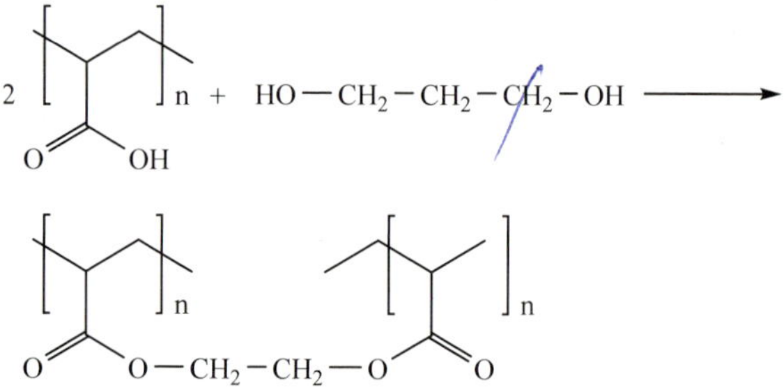

Elastomere ähneln im molekularen Aufbau Duroplasten, aber die Ketten sind nicht starr, sondern etwas beweglich, weil weniger Verknüpfungspunkte vorliegen.
Bei Zug- und Druckbelastungen verhalten sie sich elastisch: Sie kehren in ihre ursprüngliche Form zurück.

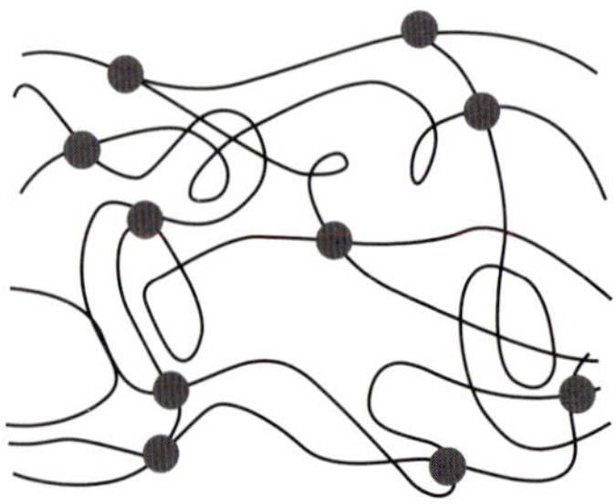

Gummi:

Naturkautschuk ist ein typischer Thermoplast und besteht aus frei verschiebbaren linearen Ketten. Die Ketten enthalten Doppelbindungen, die eine Quervernetzung dieser Makromoleküle erlauben. Durch Zusatz von Schwefel bilden sich unter Erwärmung kovalente Schwefelbrücken. Das entstandene Elastomer ist das allseits bekannte Gummi. Dieser Vorgang wird als **Vulkanisation** bezeichnet.

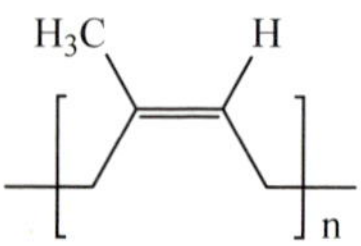

Polyisopren (Naturkautschuk)

5 Naturstoffe

Schon gewusst?

❶ Natürlich vorkommende Fette sind Tricarbonsäureester aus einem Molekül Glycerin und drei geradzahligen Fettsäuren. Fette sind hydrophob.

❷ Kohlenhydrate enthalten in der offenkettigen Form mehrere Hydroxy- und eine Carbonyl-Funktion. Monosaccharide lassen sich durch glykosidische Bindungen zu Di-, Oligo- und Polysacchariden verknüpfen.

❸ In der Natur kommen α-L-Aminosäuren vor. Peptide und Proteine entstehen durch die Verknüpfung mehrerer Aminosäuren über Peptidbindungen.

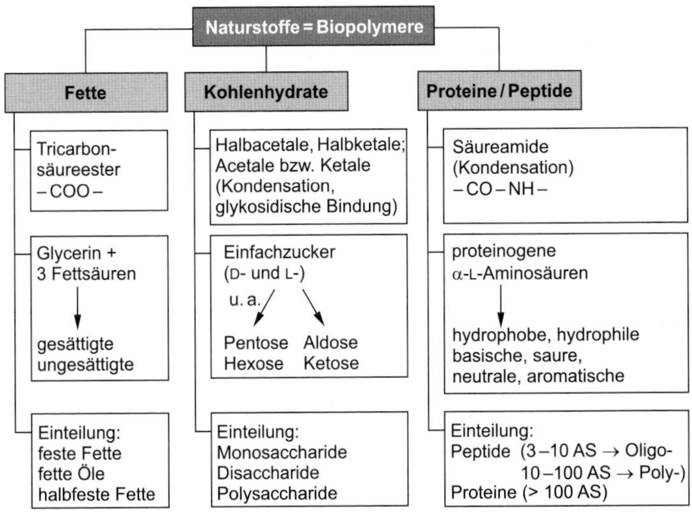

5.1 Fette

Fette (veraltet Neutralfette) werden als **Triacylglyceride** bezeichnet, da drei Fettsäuren (Carbonsäuren oder Acylreste) mit dem dreiwertigen Alkohol Glycerin (IUPAC: Propan-1,2,3-triol) verestert sind. Es handelt sich demnach um **Tricarbonsäureester**.

Der Ester kann im Basischen hydrolysiert werden (siehe S. 50).

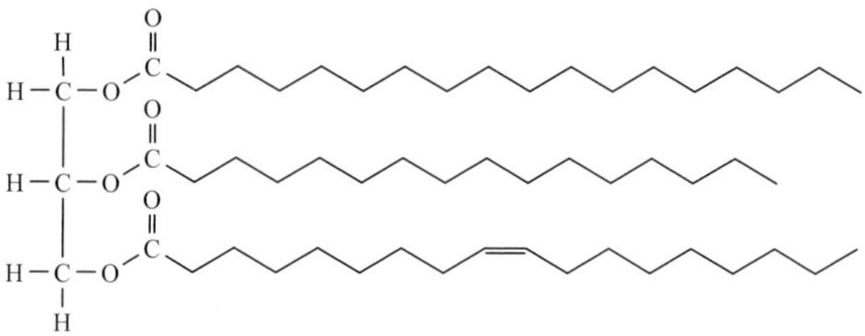

Die natürlich vorkommenden Fettsäuren gehören zur Stoffklasse der aliphatischen **(Mono-)Carbonsäuren** und weisen meist keine Verzweigungen auf. Sie unterscheiden sich in ihrer Kettenlänge (immer gerade Anzahl an C-Atomen) sowie in der Anzahl und Position der Doppelbindungen.

Wichtige Fettsäuren:

Palmitinsäure: $C_{16}H_{32}O_2$ (gesättigt)

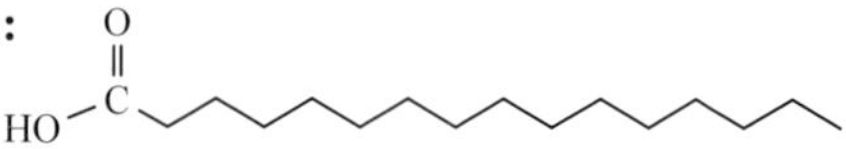

Ölsäure: $C_{18}H_{34}O_2$ (ungesättigt)

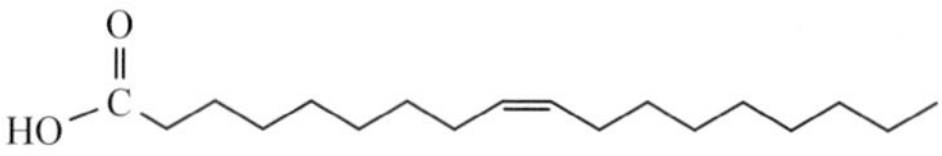

Natürlich vorkommende Fette besitzen einen sog. **Schmelzbereich**, der von der Stärke der wirkenden VAN-DER-WAALS-Kräfte ab. Diese sind umso stärker, je…

- höher die Molekülmasse oder -oberfläche ist (⇒ mit steigender Kettenlänge),
- näher sich die Moleküle aneinander anlagern können (⇒ mit möglichst wenigen Doppelbindungen).

Alle Fette sind **hydrophob**, d. h., sie lösen sich in Wasser schlecht oder gar nicht, und **lipophil**, d. h., ihre Löslichkeit in unpolaren Lösungsmitteln ist hoch.

5.2 Kohlenhydrate

Alle Kohlenhydrate sind **Polyhydroxycarbonylverbindungen**, da sie sowohl mehrere Hydroxy-Gruppen als auch eine Carbonyl-Gruppe enthalten. Je nach Art der Carbonyl-Gruppe unterscheidet man zwischen **Aldosen** und **Ketosen**.

> **Merke:** Kohlenhydrate können auch nach ihrer Anzahl an C-Atomen benannt werden. **Triosen** enthalten drei C-Atome, **Pentosen** fünf und **Hexosen** entsprechend sechs.

Offenkettige Monosaccharide werden typischerweise in der FISCHER-Projektion dargestellt, bei der immer das höchstoxidierte Kohlenstoff-Atom oben steht.

Besonders wichtige Monosaccharide sind die Glucose und die Fructose:

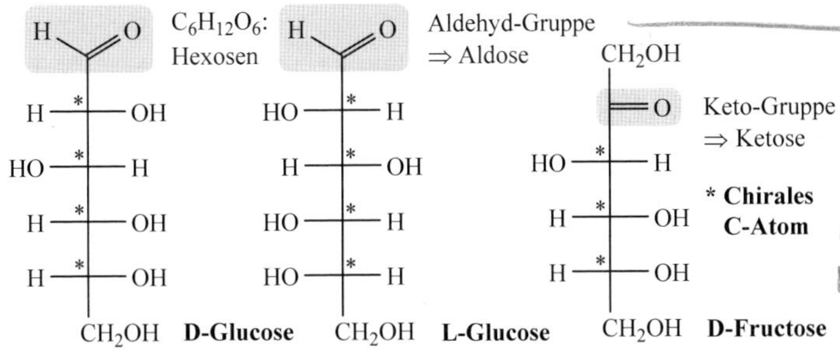

> **Festlegung:** Die Stellung der Hydroxy-Gruppe des am weitesten davon entfernten asymmetrischen Kohlenstoff-Atoms bestimmt die **Konfiguration** des Zuckers (D-Zucker: rechts; L-Zucker: links).
>
> Vereinbarung zur **Kennzeichnung** verschiedener Enantiomere:
>
> „**D**“: Funktionelle Gruppe des am weitesten entfernten Chiralitätszentrums zeigt in der FISCHER-Projektion nach **rechts**.
>
> „**L**“: Funktionelle Gruppe des am weitesten entfernten Chiralitätszentrums zeigt in der FISCHER-Projektion nach **links**.

Kohlenhydrate liegen in Lösung größtenteils als **zyklische Halbacetale** oder **-ketale** vor, weil die Carbonyl- mit einer Hydroxy-Gruppe an einem entfernten C-Atom reagiert. Es entstehen eine (intramolekulare) Sauerstoffbrücke und ein Stereozentrum am C^1-Atom.

Diese Ringform wird in der **HAWORTH-Projektion** dargestellt:

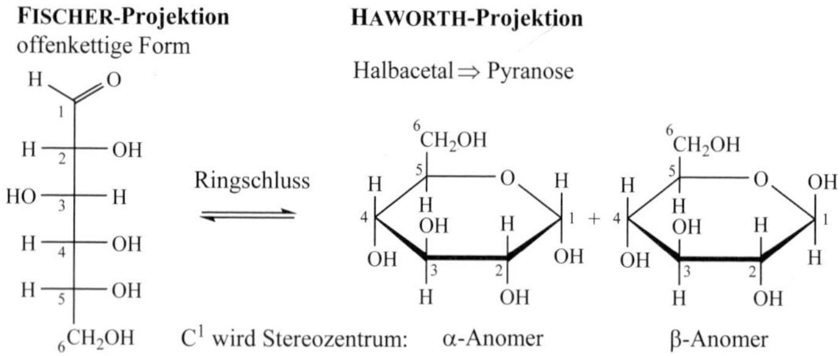

Merke: Die Gruppen, die in der FISCHER-Projektion links stehen, liegen in der HAWORTH-Projektion oberhalb der Ringebene.

Alle Monosaccharide (auch Ketosen!) zeigen sowohl eine positive **FEHLING-** als auch eine positive **Silberspiegel- bzw. TOLLENS- Probe**. Diese beiden Proben dienen dem Nachweis einer freien Aldehyd-Gruppe, die in einem reduzierenden Zucker vorkommt (⇒ Umwandlung in die offenkettige Form möglich).

	FEHLING-Probe	**Silberspiegel-Probe (TOLLENS)**
Durchführung	Alkalische K-Na-Tartrat-Lösung wird 1 : 1 mit Kupfer(II)-sulfat-Lösung gemischt und dann wird die Testsubstanz zugegeben. Im Anschluss wird das Gemisch erwärmt.	Ammoniakalische Silbernitratlösung wird mit der Testsubstanz gemischt und anschließend erwärmt.
✓	Ausbildung eines roten Feststoffs / Niederschlags	Ausbildung eines silbrig glänzenden Feststoffs
✗	Lösung bleibt blau.	Lösung bleibt farblos.

Ursache: Ketosen stehen in alkalischer Umgebung über die **Keto-Endiol-Tautomerie** mit ihrer zugehörigen Aldose im Gleichgewicht.

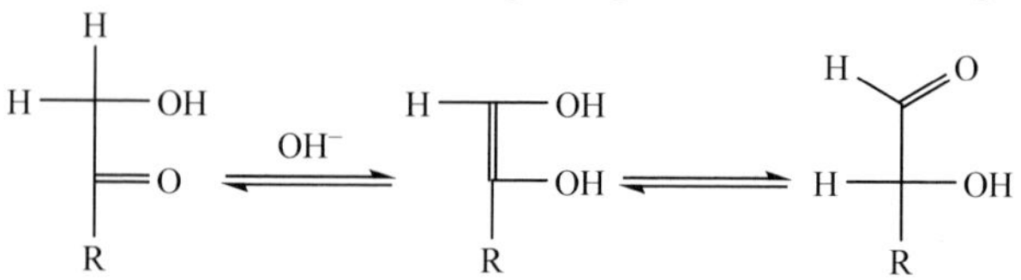

Di- und Polysaccharide

Zwei ringförmige Monosaccharide lassen sich über eine sog. **glykosidische Bindung** zu Disacchariden (Zweifachzuckern) verknüpfen. Bei der Reaktion wird Wasser abgespalten, es handelt sich also um eine **Kondensationsreaktion**.

Saccharose: nicht-reduzierender Zucker

α-Glucose + β-Fructose

↓ $- H_2O$

Saccharose

α,β-(1→2)-glykosidisch

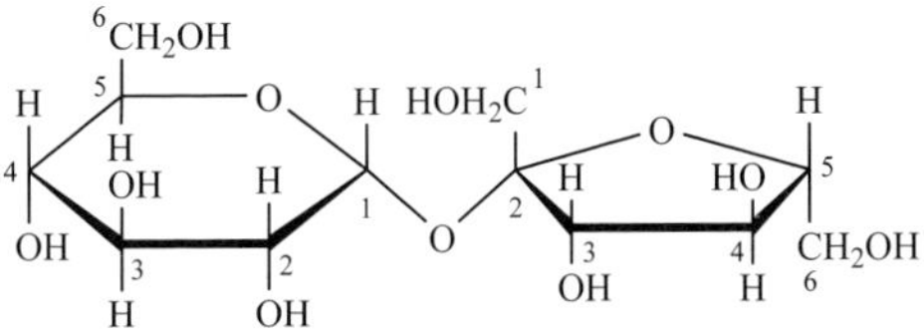

Polysaccharide sind Kohlenhydrate aus vielen miteinander verknüpften Monosacchariden (entsprechen den Monomeren).

Cellulose: Hauptbestandteil pflanzlicher Zellwände

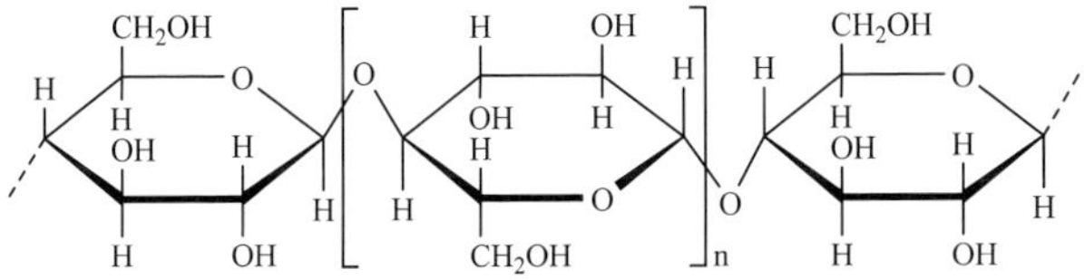

Amylose: Bestandteil des Polysaccharids Stärke

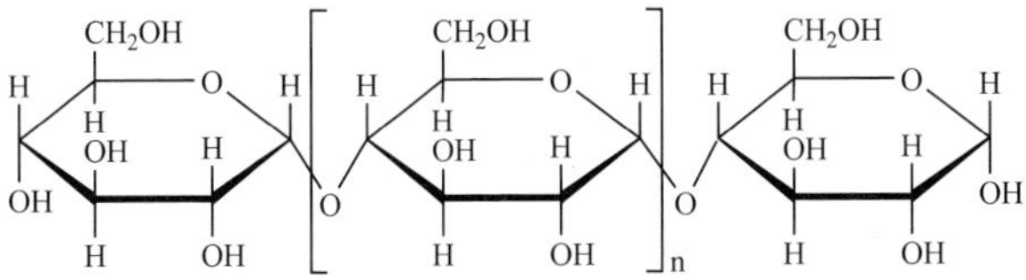

Amylopektin: Hauptbestandteil des Polysaccharids Stärke

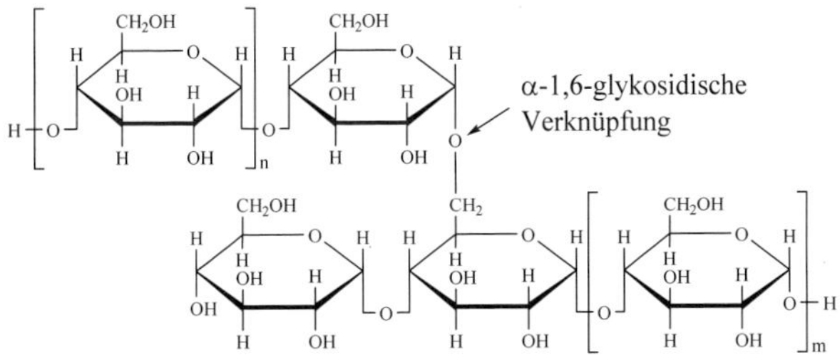

Name	Stärke	Cellulose
Monomer	α-D-Glucose	β-D-Glucose
Verknüpfung	α-1,4-glykosidisch und α-1,6-glykosidisch	β-1,4-glykosidisch
Molekülaufbau	helikal (verzweigt)	linear
Vorkommen	Speicherstoff für Kohlenhydrate	Hauptbestandteil der pflanzlichen Zellwand
Nachweis	Mit LUGOL'scher Lösung (Iod-Kaliumiodid-Lösung) entsteht ein dunkelblauer Komplex (Iodstärke).	–
Löslichkeit	wasserlöslich	unlöslich in Wasser

Zusammenfassung

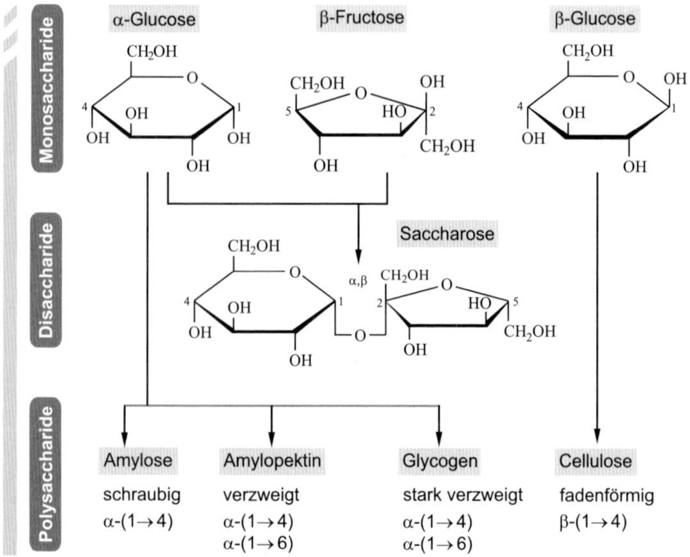

5.3 Peptide und Proteine

L-Aminosäuren sind die Bausteine aller natürlich vorkommenden Eiweiße (= Proteine). Aminosäuren gehören zur Klasse der **Carbonsäuren** und enthalten zusätzlich zur Carboxy-Gruppe mindestens eine Amino-Gruppe im Molekül (in α-Position).

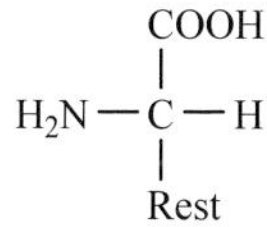

Die proteinogenen Aminosäuren können wie folgt eingeteilt werden:

Aminosäuren mit hydrophoben Resten

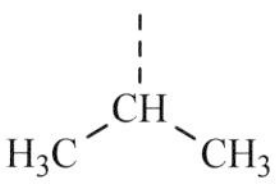

Valin **(Val)**

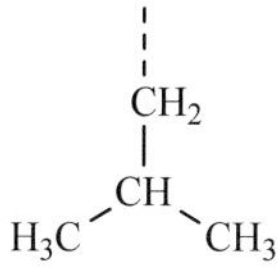

Leucin **(Leu)**

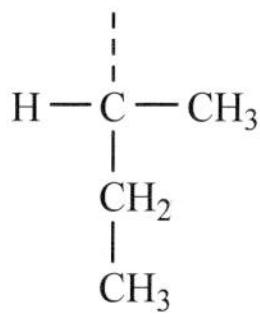

Isoleucin **(Ile)**

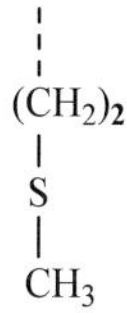

Methionin **(Met)**

Aminosäuren mit hydrophilen Resten

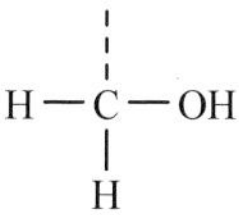

Serin **(Ser)**

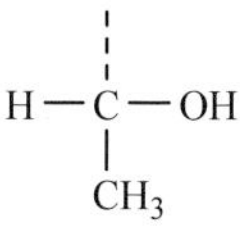

Threonin **(Thr)**

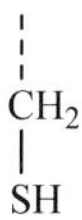

Cystein **(Cys)**

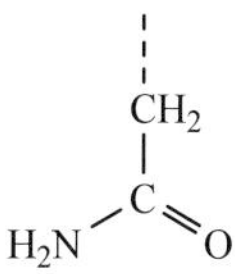

Asparagin **(Asn)**

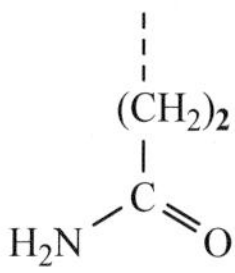

Glutamin **(Gln)**

Neutrale Aminosäuren

Glycin **(Gly)**

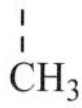

Alanin **(Ala)**

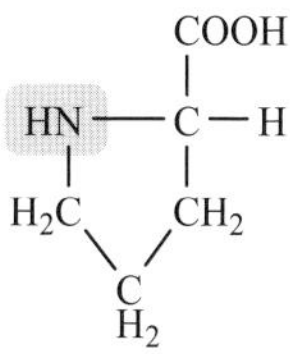

Iminosäure wegen der Iminogruppe

Prolin **(Pro)**

Aromatische Aminosäuren

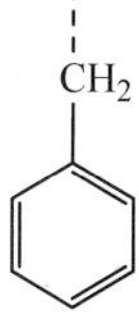

Phenylalanin **(Phe)**

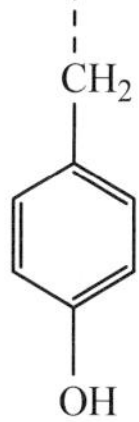

Tyrosin **(Tyr)**

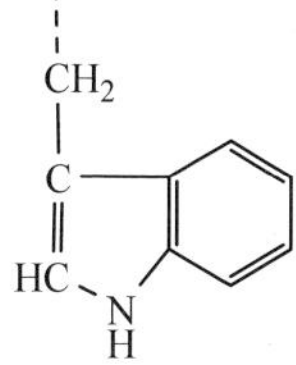

Tryptophan **(Trp)**

Basische Aminosäuren			Saure Aminosäuren	
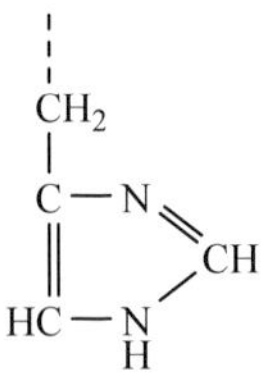	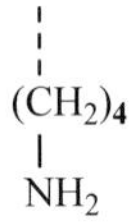	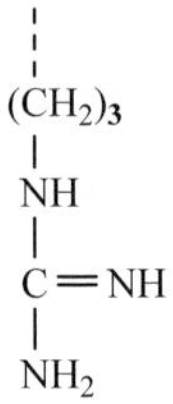	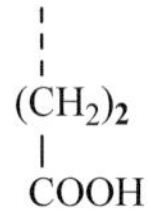	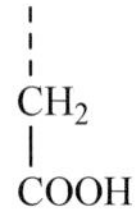
Histidin **(His)**	Lysin **(Lys)**	Arginin **(Arg)**	Glutaminsäure **(Glu)**	Asparaginsäure **(Asp)**

Aminosäuren können unter Wasserabspaltung zu **Säureamiden** reagieren (**Kondensation**). Die Reaktion ist reversibel. Die Spaltung der Säureamidbindung ist eine **Hydrolyse** (Wasseranlagerung).

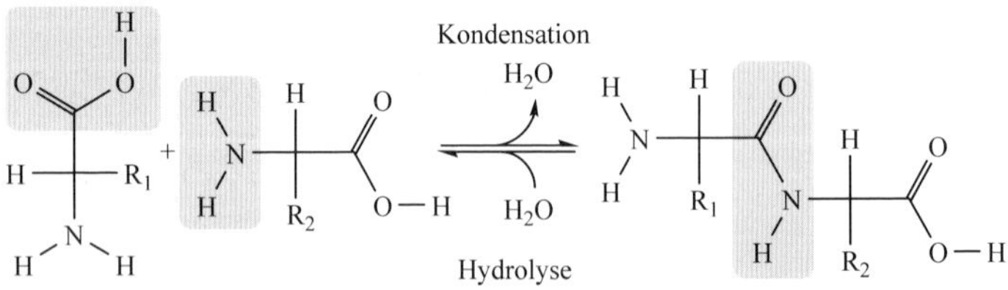

Man bezeichnet die Säureamid-Gruppierung in Proteinen auch als **Peptidbindung**. Es können beliebig viele Aminosäuren miteinander reagieren. Dabei entstehen makromolekulare Gebilde – die Peptide (< 100 Aminosäuren) bzw. Proteine (> 100 Aminosäuren).

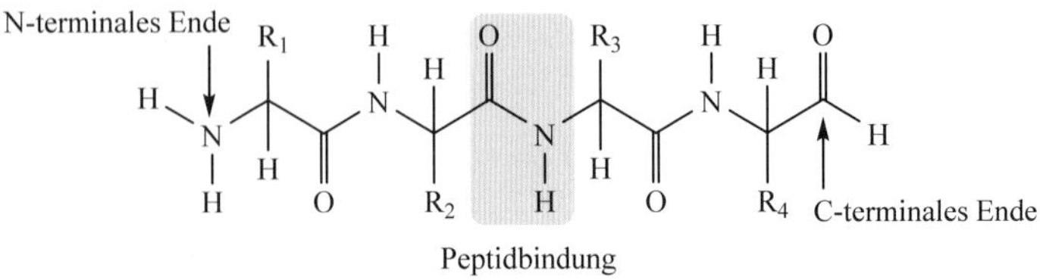

Die Peptidbindung ist **planar:** die vier rechts gezeigten Atome liegen in einer Ebene. Aufgrund der **Mesomeriestabilisierung** spricht man von einem **partiellen Doppelbindungscharakter**. Die Bindungslänge wird so verkürzt.

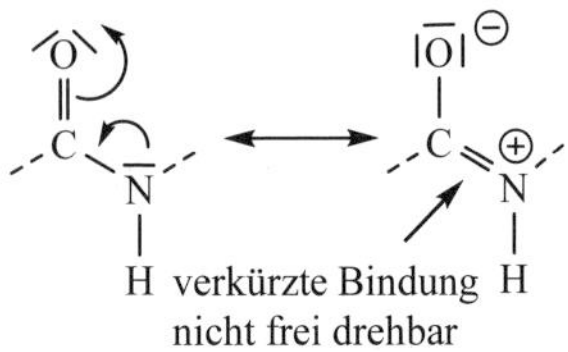

Proteinstruktur

Für ihre biologische Funktion ist der räumliche Bau von Proteinen von entscheidender Bedeutung. Es gibt folgende **vier Strukturebenen:**

Ebene	Beschreibung	Schematische Darstellung
Primär-struktur	Aminosäure-kette (-sequenz)	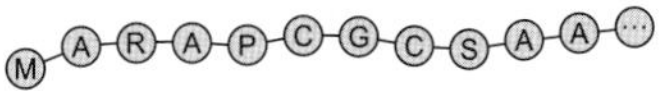
Sekundär-struktur	Anordnung der Aminosäure-kette im Raum	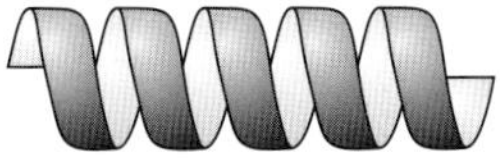 α-Helix 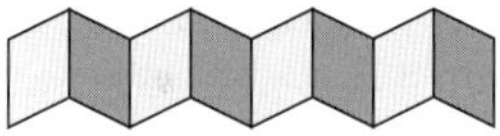 β-Faltblatt
Tertiär-struktur	Faltung der Sekundär-struktur	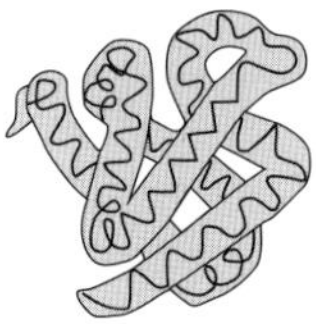 Stabilisierung durch VAN-DER-WAALS-WW, Disulfidbrücken, H-Brücken …
Quartär-struktur	Verknüpfung mehrerer Ter-tiärstrukturen	

Verändert sich die räumliche Struktur eines Proteins, spricht man von **Denaturierung**. Ein Enzym z. B. verliert dabei meist seine Wirkung.

Denaturierung und Hydrolyse von Proteinen

Agenzien:	**Säuren / Laugen**	**Hitze (z. B. Fieber)**	**Salze**	**Alkohole / Ethanol (z. B. Desinfizieren)**
Störung:	Ladungen der Seitenketten gehen verloren	Stärkere Molekül-schwingungen, WW brechen	Zerstörung der ionischen WW	Zerstörung der hydrophoben WW und der H-Brücken
	Überschuss → **Hydrolyse**	**Denaturierung**		
Verlust:	PRIMÄRSTRUKTUR	SEKUNDÄRSTRUKTUR + TERTIÄRSTRUKTUR		

Reaktionstypen und Reaktionsmechanismen

Schon gewusst?

❶ Bei einer Addition werden zwei Moleküle aneinander angelagert. Bei einer Eliminierung wird ein(e) Atom/Atomgruppe abgespalten.

❷ Bei einer Substitution wird ein(e) Atom/Atomgruppe ausgetauscht.

❸ Bei einer Kondensation verbinden sich zwei Moleküle unter Abspaltung eines kleinen Moleküls.

❹ Polymere werden schrittweise über die Polymerisation und die Polykondensation aufgebaut.

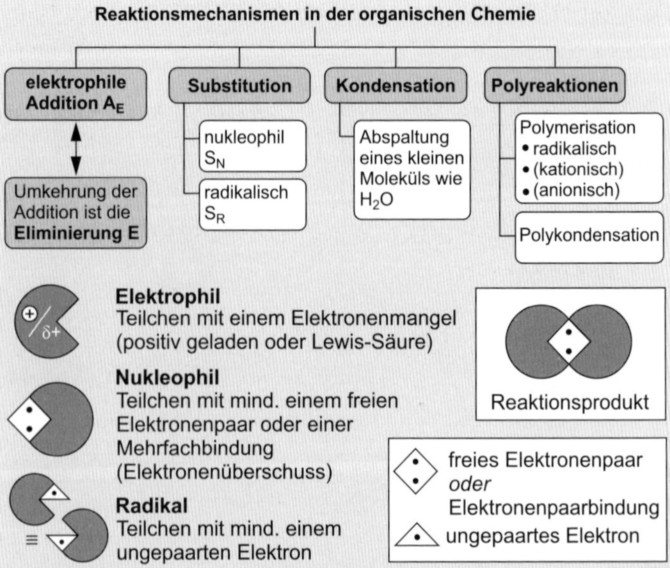

Im gA müssen nach dem neuen Lehrplan nur die Reaktionstypen voneinander unterschieden werden. Details zu den Reaktionsmechanismen sowie den reagierenden Teilchen müssen – bis auf S_R – nicht wiedergegeben werden.

1 Addition und Eliminierung

Bei Additionsreaktionen werden mindestens zwei Moleküle vereinigt und dabei eine oder zwei **Mehrfachbindungen** aufgespalten. Eine typische Additionsreaktion stellt die Anlagerung von H-Atomen an ungesättigte Kohlenwasserstoffe dar **(= Hydrierung)**.

Typische Edukte	Elektrophile	Typische Additionen
• ungesättigter Kohlenwasserstoff	• Halogene (symmetrisch)	• Halogenierung
• Carbonsäurederivat	• HCl (unsymmetrisch)	• Hydrohalogenierung
• Aldehyd oder Keton	• SO_3 und H_2SO_4	• Hydratisierung
		• Sulfonierung (SO_3)

Die **elektrophile Addition** verläuft in zwei Schritten:

Schritt A: Das elektrophile Teilchen wird durch die hohe Elektronendichte der Mehrfachbindung polarisiert (π-Komplex) und dann heterolytisch gespalten. Das entstandene Kation lagert sich an die Mehrfachbindung an.

- Bei der Addition von **Halogenen** (X–X) bildet sich ein positiv geladener (im Fall von Brom zyklischer) Übergangszustand (sehr kurzlebiger σ-Komplex).
- Bei der Addition von **Halogenwasserstoff** (H–X) dagegen bildet sich ein positiv geladenes sowie mesomeriestabilisiertes Carbo-Kation als Zwischenstufe.

Schritt B: Das nukleophile Anion wird an das positiv geladene C-Atom addiert. Sind theoretisch zwei Produkte möglich, wird meist das Proton im Schritt A an das „wasserstoffreichere" C-Atom addiert (Markownikow-Regel).

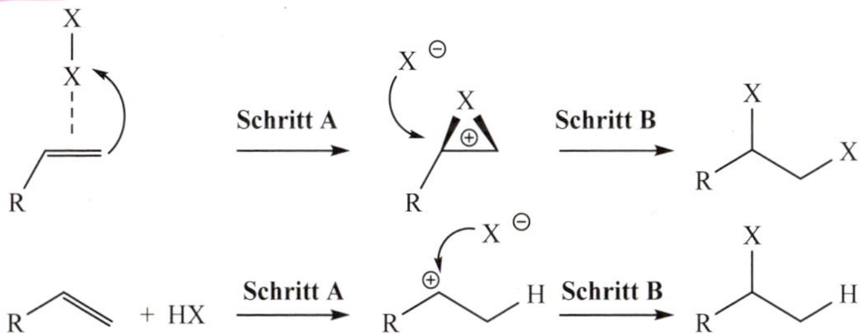

Merke: Die Eigenschaft eines C-Atoms, „wasserstoffreich" zu sein, steigt in der Reihenfolge: **Tertiär < Sekundär <Primär**

Die **Eliminierung** ist die **Umkehrung** der Addition. Bei einer Eliminierung werden aus einem Molekül zwei Atome oder eine Atomgruppe **abgespalten**, wodurch eine **Mehrfachbindung** im Produkt entsteht.

Eine typische Eliminierungsreaktion ist die **säurekatalysierte Dehydratisierung**, bei der durch eine reversible Protonierung des Edukts (im Beispiel an der Hydroxy-Gruppe) ein Molekül Wasser abgespalten wird.

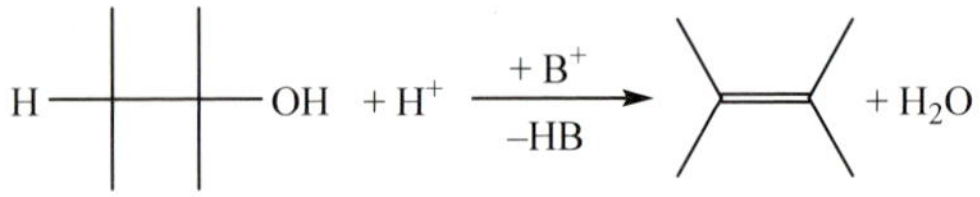

Das schlecht stabilisierte Hydroxid-Ion eignet sich nicht als Abgangsgruppe, stattdessen wird das stabile Wasser-Molekül abgespalten.

Zusammenfassung

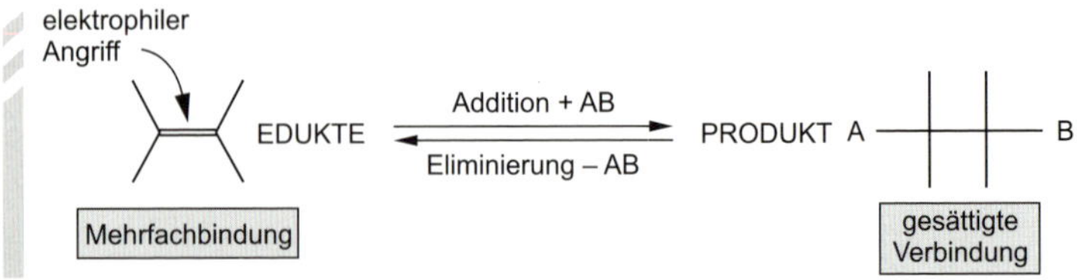

2 Substitution

Bei Substitutionsreaktionen werden in einem Molekül Atome/Atomgruppen durch andere Atome/Atomgruppen ersetzt (= substituiert). Typische Edukte für die **nukleophile Substitution** sind Moleküle mit einem Elektronendefizit (substituierte Alkane, Carbonylverbindungen, Kationen). Bei der **radikalischen Substitution** reagieren meist Alkane mit Halogenen.

2.1 Nukleophile Substitution

	S_N1	S_N2
Mechanismus	monomolekular	bimolekular
Reaktionsverlauf	zweistufig (über ein Carbo-Kation)	einstufig (ohne Zwischenprodukt)
Besonderheit	Nukleophil ist nicht am geschwindigkeitsbestimmenden Schritt beteiligt.	Beide Moleküle sind am geschwindigkeitsbestimmenden Schritt beteiligt.
Reaktion begünstigt durch	• tertiäre C-Atome • geringe Ausgangskonzentration der Edukte • polare Lösungsmittel	• primäre C-Atome • hohe Ausgangskonzentration der Edukte • unpolare Lösungsmittel

Hinweis: Ein Carbo-Kation besitzt ein positiv geladenes C-Atom und kann einen oder mehrere Alkylreste R gebunden haben. Die Stabilität nimmt von den primären über die sekundären zu den tertiären Carbo-Kationen aufgrund der +I-Effekte zu.

S_N1-Mechanismus

Schritt A: Die zu ersetzende Gruppe X wird als Anion freigesetzt. Es entsteht ein positiv geladenes Carbo-Kation ($^+CR_3$, trigonal-planar).

Schritt B: Das elektronenreiche Nukleophil greift das Carbo-Kation an und es bildet sich das Produkt. Dabei kann es zur Retention oder Inversion der Konfiguration kommen.

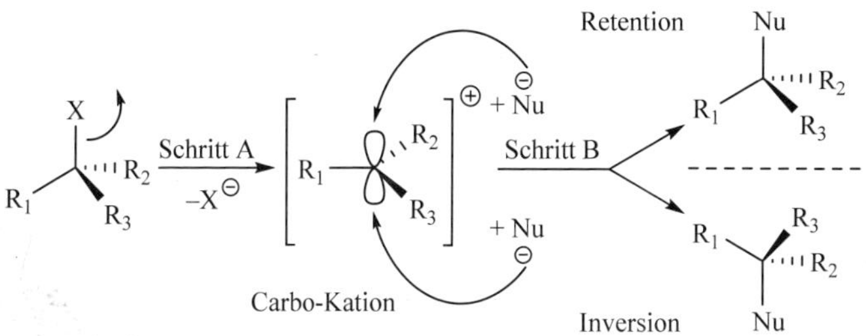

S_N2-Mechanismus

Das Nukleophil nähert sich dem positiv polarisierten Kern und es bildet sich ein negativ geladener **Übergangszustand** (kein stabiles Zwischenprodukt) in Form einer trigonalen Bipyramide aus. Es kommt anschließend zur Substitution: Je näher das Nukleophil dem Kern kommt, desto stärker entfernt sich die Abgangsgruppe X vom Molekül, bis sie freigesetzt wird.

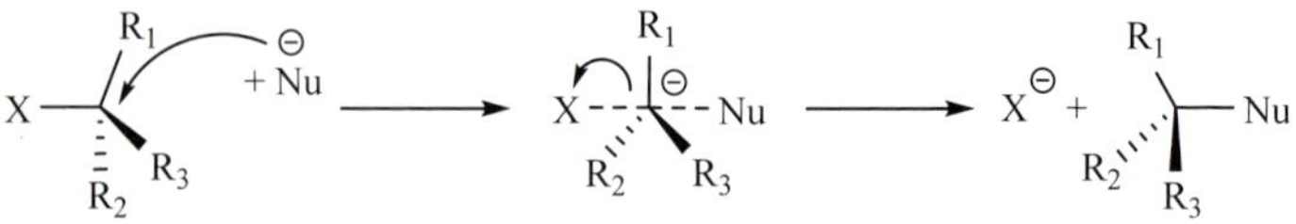

Hinweis: Das Nukleophil greift das Edukt immer rückseitig gegenüber der Abgangsgruppe an. Daher wird die Konfiguration am C-Atom invertiert oder „umgeklappt".

Synthese von Alanin:

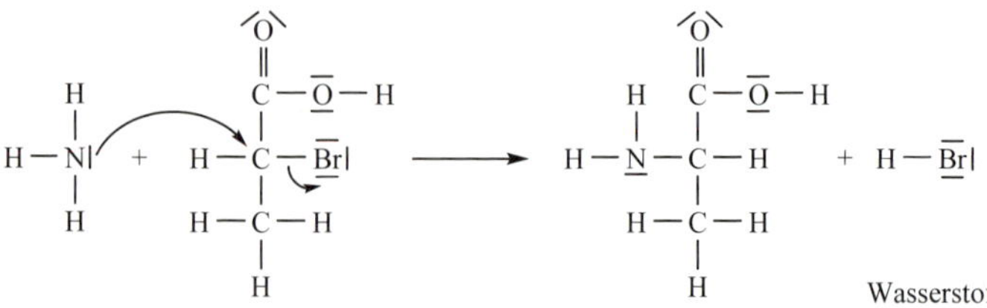

2.2 Radikalische Substitution

Typische Edukte

gesättigter Kohlenwasserstoff

und

- Halogene
- Peroxide
- Sulfurylchlorid
- Distickstofftetraoxid oder Alkylnitrate

Initiatoren

AIBN = Azo-bis-iso-butyronitril (zerfällt unter Wärmezufuhr in zwei Radikale und N_2)

Typische Substitutionen

- Halogenierung
- Peroxigenierung
- Sulfochlorierung
- Nitrierung

Der Reaktionsmechanismus verläuft in einer dreistufigen Radikalkettenreaktion (siehe S. 51 f.):

Schritt A = Startreaktion: Das „Austausch-Molekül“ (z. B. Halogene) wird homolytisch gespalten (ggf. unter Lichteinfluss). Ist die dafür benötigte Dissoziationsenergie zu hoch (z. B. bei Sulfurylchlorid), kann zusätzlich ein Initiator wie AIBN verwendet werden.

$$X{-}X \longrightarrow 2\,X\cdot$$

Schritt B = Kettenreaktion: Das Startradikal greift die Kohlenwasserstoffkette an und geht eine Atombindung mit einem H-Atom ein. Die „verbleibende“ Kohlenwasserstoffkette ist nun radikalisch und kann ein neues „Austausch-Molekül“ angreifen. Es entsteht zum einen ein neues Startradikal und zum anderen das gewünschte Substitutionsprodukt.

$$R{-}H + X\cdot \longrightarrow R\cdot + H{-}X$$

$$R\cdot + X{-}X \longrightarrow R{-}X + X\cdot$$

Schritt C = Kettenabbruchreaktionen: Zwei Radikale treffen aufeinander und bilden eine Atombindung aus (Rekombination).

$$2\,X\cdot \longrightarrow X{-}X$$

$$2\,R\cdot \longrightarrow R{-}R$$

$$R\cdot + X\cdot \longrightarrow R{-}X$$

Zusammenfassung

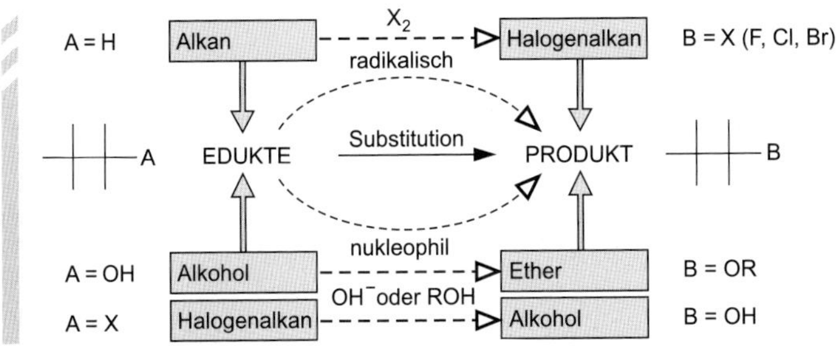

3 Kondensationsreaktionen

Bei der Kondensationsreaktion verbinden sich zwei Moleküle unter Abspaltung einer niedermolekularen Verbindung (z. B. Wasser, Ammoniak, Kohlenstoffdioxid, Chlorwasserstoff). Kondensationsreaktionen sind **umkehrbar** (reversibel) und können auch innerhalb eines Moleküls stattfinden (intramolekular). Im Fall der Abspaltung von einem Wassermolekül entspricht die Rückreaktion, also die Anlagerung von Wasser, der **Hydrolyse**.

Typische Kondensationsreaktionen in der organischen Chemie sind:

- Acetalbildung: Aldehyd + Alkohol(e)
- Etherbildung: Alkohol + Alkohol
- Peptid- und Proteinbildung: Carbonsäure + Aminogruppe
- Veresterung (säurekatalysiert): Carbonsäure + Alkohol

Ein typisches Beispiel für eine Hydrolyse ist die Spaltung der Esterbindung von Fetten im Alkalischen:

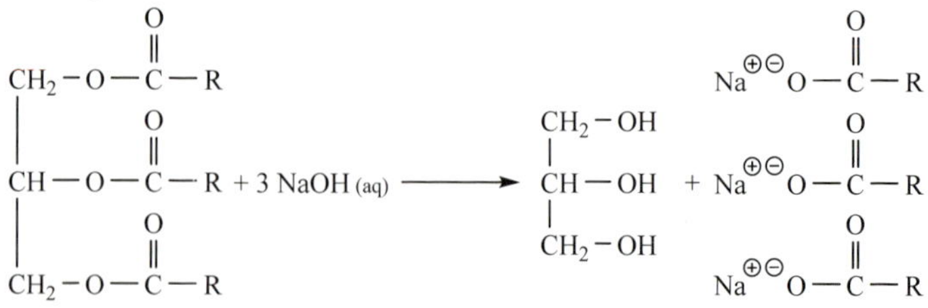

beliebiges Fett — Natronlauge — Glycerin — Natriumsalze d. Fettsäuren

Zusammenfassung

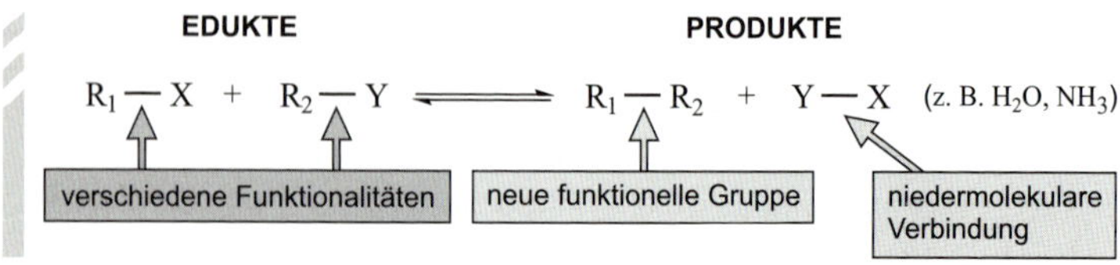

4 Polyreaktionen

4.1 Radikalische Polymerisation

Die Edukte der radikalischen Polymerisation sind **ungesättigte Verbindungen**, die mindestens eine Doppelbindung zwischen zwei C-Atomen enthalten. Sie stammen vorwiegend aus Erdöl und Erdgas (durch katalytisches Cracken).

Polyethensynthese mit dem Radikalbildner Dibenzoylperoxid:

1. **Bildung der Startradikale:** Der Radikalbildner Dibenzoylperoxid zerfällt in hoch reaktive Moleküle mit ungepaarten Elektronen (Radikale).

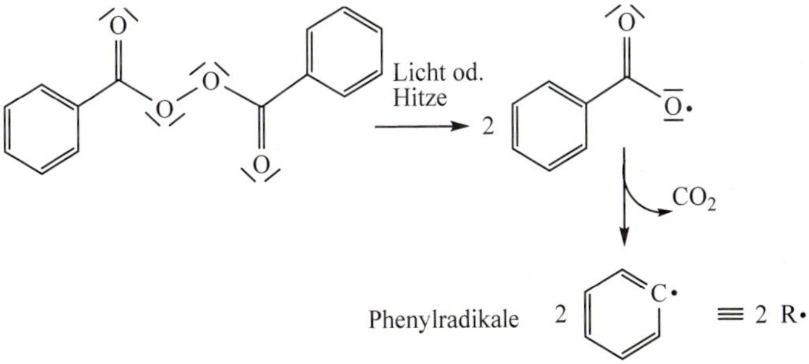

2. **Kettenstart (Initiation):** Ein Radikal trifft auf ein Ethen-Molekül (Monomer) und reagiert zu einem neuen (größeren) Radikal:

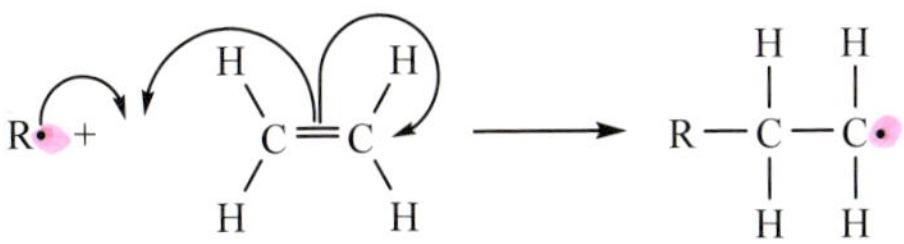

3. **Kettenwachstum oder -verlängerung:** Das größere reaktive Radikal reagiert mit einem weiteren Monomer. Die Kette wird verlängert, es entstehen noch größere Radikale. Dieser Vorgang wiederholt sich, bis ein Makromolekül mit großer Molekülmasse entsteht. Die **Repetiereinheit** wird in eckigen Klammern dargestellt.

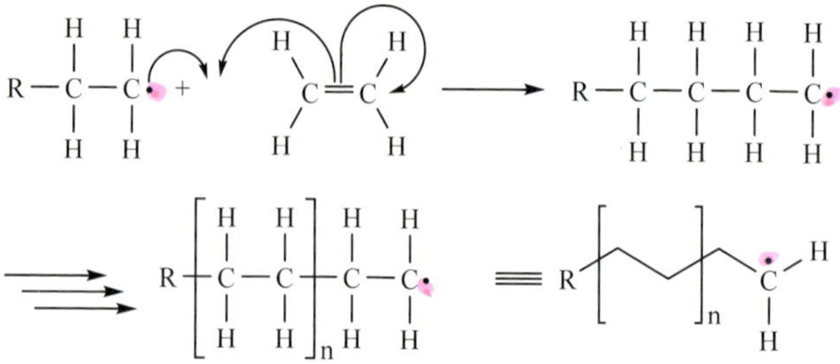

Bei diesem Prozess entsteht ein **Gemisch aus Makromolekülen unterschiedlicher Länge**.

Die Eigenschaften des Kunststoffs hängen von der mittleren Kettenlänge der Moleküle in dem Polymerisat ab.

4. **Kettenabbruch:** Mit zunehmender Dauer der Reaktion steigt die Wahrscheinlichkeit, dass sich zwei Radikale verbinden. Dadurch wird die Anzahl der (reaktiven) Radikale im Reaktionsgefäß kleiner und die Reaktion wird gestoppt.
   Eine mögliche Reaktion ist die **Rekombination**, z. B.:

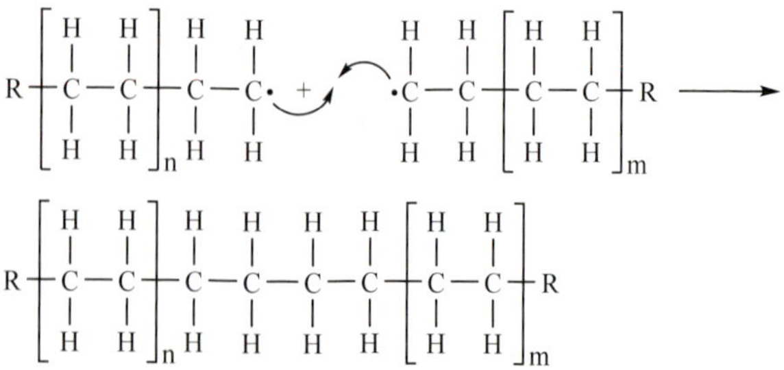

Sogenannte **Disproportionierungsreaktionen** reduzieren ebenfalls die Anzahl der reaktiven Radikale, z. B.:

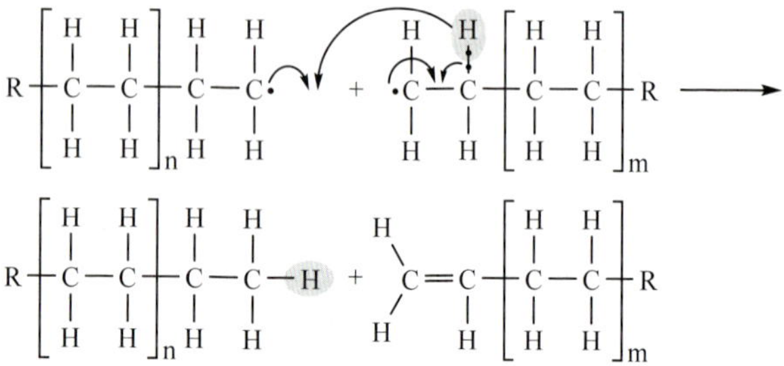

Zusammenfassung

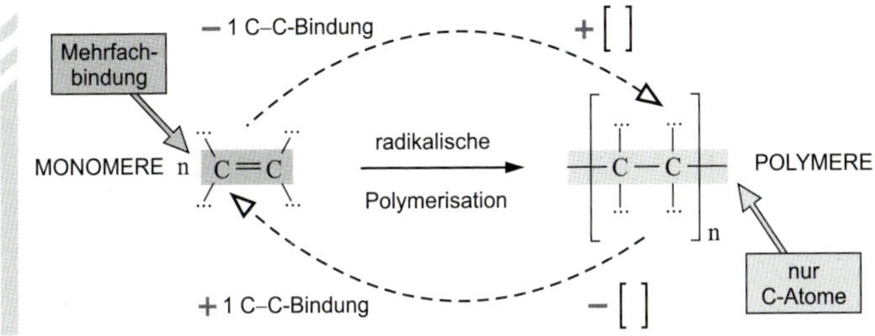

4.2 Polykondensation

Bei der Polykondensation werden Monomer-Moleküle mit mindestens zwei reagierenden funktionellen Gruppen unter **Abspaltung** eines **kleinen Moleküls** (z. B. Wasser) miteinander verknüpft. Dadurch entsteht im resultierenden Polymer eine neue Funktionalität.

PET (Polyethylenterephthalat)		
Monomere	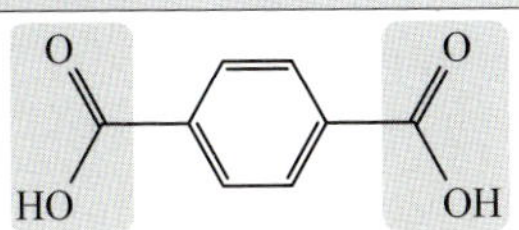 Carboxy-Gruppen	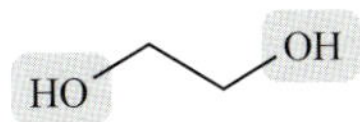 Hydroxy-Gruppen
Polymer	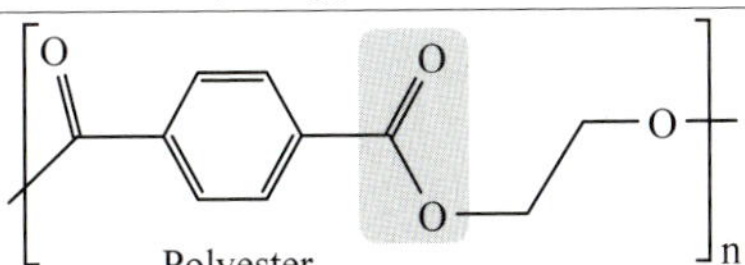 Polyester	

Für die Synthese werden Monomere mit mindestens zwei funktionellen Gruppen benötigt. Entweder werden zwei Monomere verwendet oder es polymerisiert eine Verbindung, die zwei verschiedene funktionelle Gruppen im gleichen Molekül besitzt, mit sich selbst.

Reagiert eine Carboxy-Gruppe mit einer Aminogruppe unter Wasserabspaltung zu einem **Säureamid**, entsteht ein **Polyamid**.

Nylon 6,6: Edukte sind 1,6-Hexandisäure und Hexan-1,6-diamin.

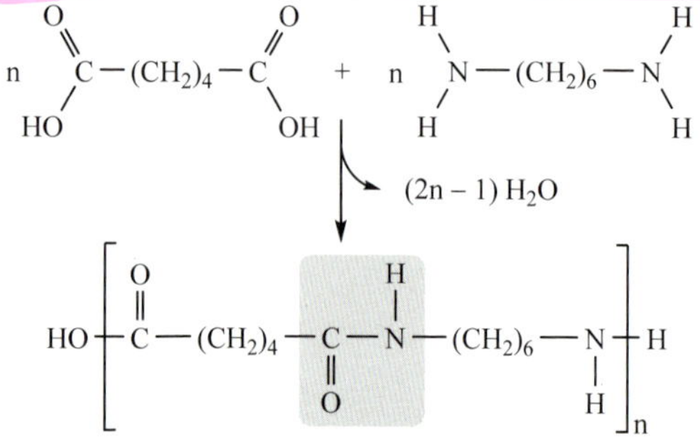

Hinweis: Die Anzahl der abgespaltenen Wasser-Moleküle hängt davon ab, wie das Polymer und die Repetiereinheit formuliert sind und wie viele n vor den Edukten stehen. Immer genau nachzählen!

Reagiert eine Hydroxy-Gruppe mit einer Carboxy-Gruppe unter Wasserabspaltung zu einem **Ester**, entsteht ein **Polyester**.

Polymilchsäure: Edukt ist die 2-Hydroxypropansäure (Milchsäure).

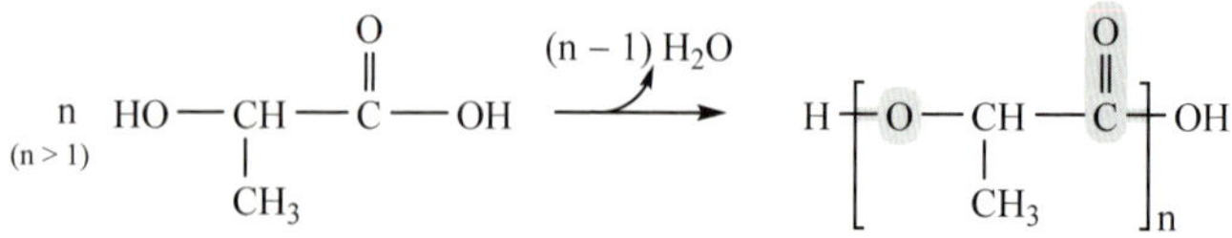

Tipp: Polymerstrukturen können unterschiedlich dargestellt werden. Die (neue) Funktionalität muss in der eckigen Klammer nicht unbedingt direkt nebeneinander angeordnet sein.

Zusammenfassung

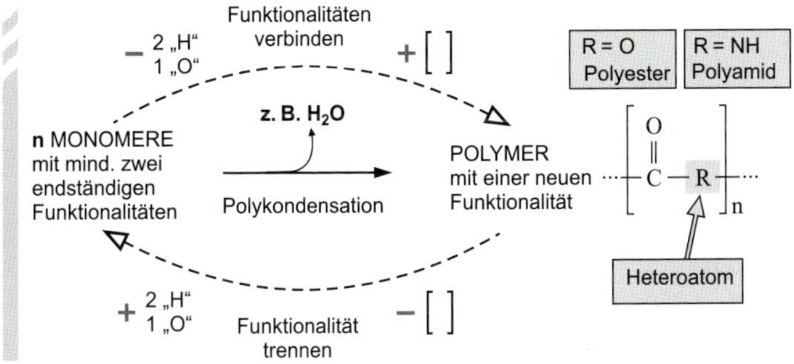

5. Übersicht über Stoffklassen und Reaktionen

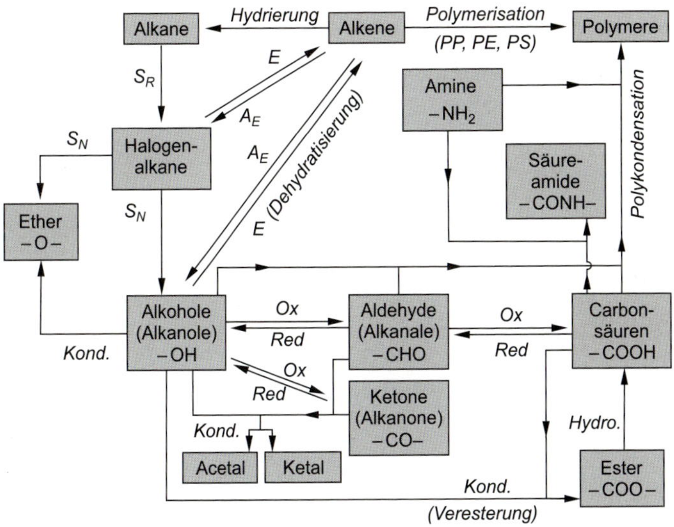

S: Substitution
A: Addition
E: Eliminierung

E: Elektrophil
N: Nukleophil
R: Radikalisch

Kond.: Kondensation
Hydro.: Hydrolyse
Ox: Oxidation
Red: Reduktion

Steuerung chemischer Reaktionen

Schon gewusst?

❶ Die Reaktionsgeschwindigkeit ist umso höher, je schneller sich in einem Zeitintervall die Konzentration der reagierenden Teilchen ändert. Katalysatoren beschleunigen eine Reaktion.

❷ Im chemischen Gleichgewicht ist die momentane Reaktionsgeschwindigkeit der Hinreaktion genauso groß wie die der Rückreaktion.

❸ Mithilfe des Massenwirkungsgesetzes lassen sich Gleichgewichtskonzentrationen berechnen.

❹ Bei Störungen des chemischen Gleichgewichts reagiert das Gleichgewicht nach dem Prinzip des kleinsten Zwangs von LE CHATELIER.

1 Kinetik chemischer Reaktionen

1.1 Reaktionsgeschwindigkeit

Bei einer chemischen Reaktion kommt es zu wirksamen Zusammenstößen zwischen den Eduktteilchen. Im Verlauf nimmt die Konzentration der Edukte ab und die Konzentration der Produkte zu.

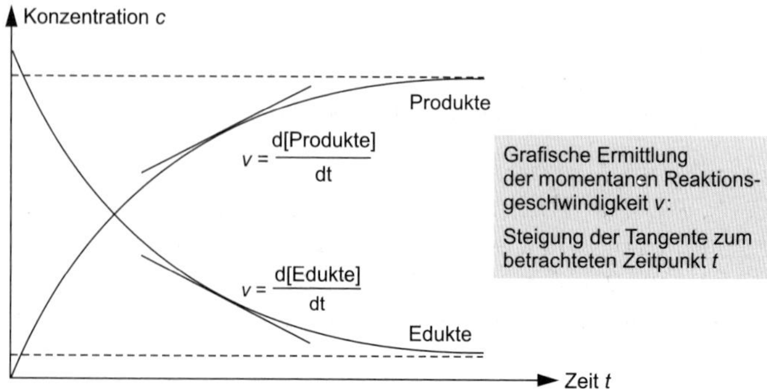

Merke: Ein Maß für die **Reaktionsgeschwindigkeit** ist die Änderung der Konzentration der reagierenden Teilchen in einer bestimmten Zeit.

Zu Beginn ist die Reaktionsgeschwindigkeit hoch, da noch viele Eduktteilchen vorhanden sind. Die Konzentration sinkt, wodurch die Wahrscheinlichkeit für einen wirksamen Zusammenstoß abnimmt. Entsprechend steigt auch die Konzentration der Produkte im Verlauf langsamer an.

Die Reaktionsgeschwindigkeit ist **abhängig** von der reaktiven Oberfläche der Edukte, ihrer Konzentration c und der Temperatur T. Je größer diese Parameter ausfallen, desto höher ist die Wahrscheinlichkeit für einen erfolgreichen Zusammenstoß und umso höher ist somit der Wert für die Reaktionsgeschwindigkeit.

Chemische Reaktionen finden nur dann statt, wenn die reagierenden Teilchen heftig und in der richtigen Orientierung zusammenstoßen. Nach dieser **Stoßtheorie** ist die momentane Reaktionsgeschwindigkeit direkt proportional zur Konzentration der Edukte.
Daher gilt für die Reaktion:

$$aA + bB \longrightarrow cC + dD$$

folgende Gleichung zur Berechnung der momentanen Reaktionsgeschwindigkeit v:

$$v = k \cdot c^{a}(A) \cdot c^{b}(B)$$

(k ist eine reaktionsabhängige Geschwindigkeitskonstante)

1.2 Aktivierungsenergie und Katalyse

Für eine chemische Umsetzung müssen die reagierenden Eduktteilchen mit einer ausreichend großen kinetischen Energie zusammenstoßen, der sogenannten **Aktivierungsenergie**.

Das erklärt die **Temperaturabhängigkeit** der Reaktionsgeschwindigkeit: Je höher die Temperatur ist, desto mehr Teilchen besitzen eine kinetische Energie, die höher als die erforderliche Aktivierungsenergie ($E_{kin} > E_A$) ist. Folglich steigt die Wahrscheinlichkeit für einen erfolgreichen Zusammenstoß und damit auch die Reaktionsgeschwindigkeit.

Merke: Die **RGT-Regel** lautet: Eine Temperaturerhöhung um 10 °C bewirkt ungefähr eine Verdoppelung der Reaktionsgeschwindigkeit.

Katalysatoren setzen die Aktivierungsenergie einer Reaktion herab. Bei gleicher Temperatur haben also mehr Teilchen eine genügend große kinetische Energie für einen erfolgreichen Zusammenstoß.
Der Katalysator bildet mit den Edukten instabile Zwischenprodukte, die dann schnell zu den Produkten zerfallen.

Hinweis: Ein Katalysator nimmt aktiv an der Reaktion teil, wird aber am Ende der Reaktion unverändert freigesetzt.

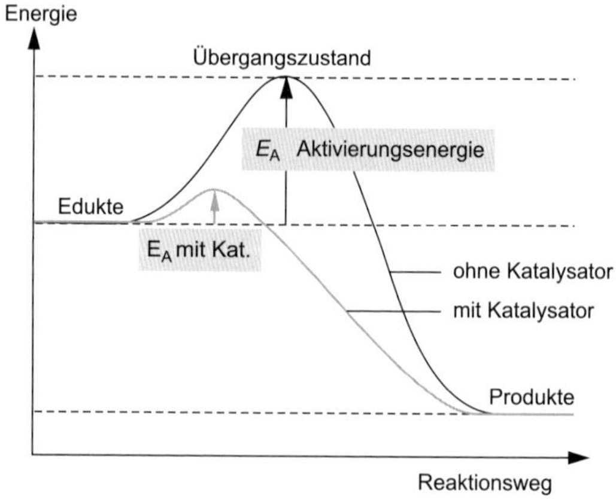

In der **chemischen Industrie** werden häufig Katalysatoren eingesetzt:

- Beim **HABER-BOSCH-Verfahren** ermöglicht ein Gemisch aus Aluminiumoxid und Eisenoxid als Katalysator die Reaktion von Stickstoff und Wasserstoff zu Ammoniak (siehe S. 62).
- Beim **OSTWALD-Verfahren** wird bei der Herstellung von Salpetersäure ein Platin-Rhodium-Katalysator eingesetzt.
- Bei der **alkoholischen Gärung** wirken Hefepilze als katalytische Enzyme, die Glucose zu Ethanol und Kohlenstoffdioxid abbauen.

2 Chemisches Gleichgewicht

Grundsätzlich sind chemische Reaktionen **umkehrbar**, manche jedoch nur unter extremen äußeren Bedingungen. Laufen Hin- und Rückreaktion aber (unter normalen Bedingungen) ungehemmt gleichzeitig ab, spricht man von einer **reversiblen** Reaktion. Diese führen meist zur Ausbildung eines Gleichgewichtszustands.

$$aA + bB \underset{\text{Rückreaktion}}{\overset{\text{Hinreaktion}}{\rightleftharpoons}} cC + dD$$

Im **chemischen Gleichgewicht** befindet sich eine Reaktion also dann, wenn die Reaktionsgeschwindigkeit der Hinreaktion gleich der der Rückreaktion ist (gleiche Umsatzrate des Auf- und Abbaus).

Hinweis: Ein chemisches Gleichgewicht kann sich nur in einem geschlossenen bzw. abgeschlossenen System einstellen (siehe S. 103 in Chemische Thermodynamik).

Dieser Zustand ist **dynamisch**, d. h., im Gleichgewicht werden stets genauso viele Edukt-Teilchen durch die Hinreaktion verbraucht, wie durch die Rückreaktion nachgebildet werden. Daraus ergibt sich, dass die Konzentrationen von Edukten und Produkten im Gleichgewichtszustand makroskopisch gesehen **konstant** sind.

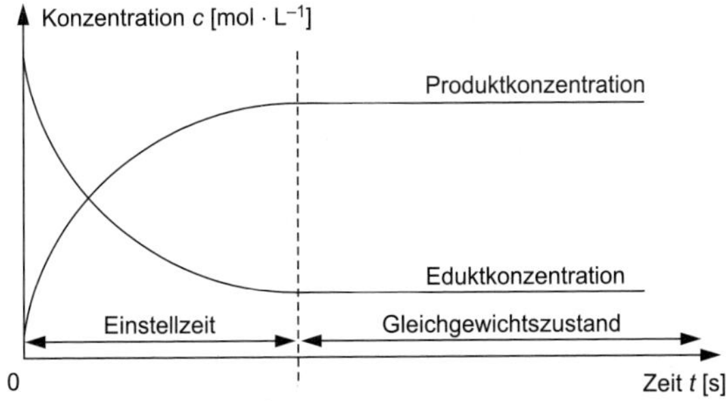

Tipp: Das heißt allerdings nicht, dass die Konzentrationen gleich groß sind, sondern nur, dass sich die Zusammensetzung des Reaktionsgemisches nach außen hin nicht verändert. Auf Teilchenebene findet ein Stoffumsatz statt.

3 Das Massenwirkungsgesetz

Die Reaktionsgeschwindigkeit der Hinreaktion ist im Gleichgewicht genauso groß wie die der Rückreaktion:

$$v_{\text{hin}} = v_{\text{rück}}$$

$$k_{\text{hin}} \cdot c^{a}(\text{A}) \cdot c^{b}(\text{B}) = k_{\text{rück}} \cdot c^{c}(\text{C}) \cdot c^{d}(\text{D})$$

$$\frac{k_{\text{hin}}}{k_{\text{rück}}} = K_c = \frac{c^{c}(\text{C}) \cdot c^{d}(\text{D})}{c^{a}(\text{A}) \cdot c^{b}(\text{B})}$$

Massenwirkungsgesetz

Das Massenwirkungsgesetz (MWG) stellt einen Zusammenhang zwischen den Konzentrationen der an einer Gleichgewichtsreaktion beteiligten Stoffe dar.

Merke: Es dürfen nur die **Gleichgewichtskonzentrationen** der Edukte und Produkte eingesetzt werden.

Daraus ableiten kann man die **Gleichgewichtskonstante K_c**, die Aufschluss über die Lage des Gleichgewichts gibt: Je größer K_c ist, desto weiter liegt das Gleichgewicht auf der Produktseite und umgekehrt.

Die Gleichgewichtskonstante ist charakteristisch für die Reaktion bei einer **bestimmten Temperatur**. Steigt die Temperatur bei exothermen Reaktionen, wird der Wert von K_c kleiner. Bei endothermen Reaktionen wird der Wert von K_c entsprechend größer.

Für die **Synthese von Iodwasserstoff** werden in einem 2,5 L großen Behälter 8 mol Wasserstoff mit 5 mol Iod bei 448 °C vermischt. Im Gleichgewicht liegen 2 mol Iodwasserstoff vor. Berechnen Sie die Gleichgewichtskonstante K_c.

Aufstellen der Reaktionsgleichung:

$$H_2 + I_2 \rightleftharpoons 2\,HI$$

Ermittlung der Konzentrationen im Gleichgewicht:

Bis zur Einstellung des dynamischen Gleichgewichts werden n_v Teilchen der Anfangsstoffmenge n_0 verbraucht. Mithilfe der Reaktionsgleichung werden die stöchiometrischen Koeffizienten ermittelt:

$$\frac{n_v(H_2)}{n(HI)} = \frac{1}{2} \qquad \frac{n_v(I_2)}{n(HI)} = \frac{1}{2}$$

$$n_v(H_2) = n_v(I_2) = \frac{1}{2} \cdot n(HI) = \frac{1}{2} \cdot 2\ \text{mol} = 1\ \text{mol}$$

Für die Stoffmengen n im Gleichgewicht gilt demnach:

$$n(H_2) = n_0(H_2) - n_v(H_2) = 8\ \text{mol} - 1\ \text{mol} = 7\ \text{mol}$$

$$n(I_2) = n_0(I_2) - n_v(I_2) = 5\ \text{mol} - 1\ \text{mol} = 4\ \text{mol}$$

Daraus ergeben sich die Konzentrationen c im Gleichgewicht:

$$c(H_2) = \frac{n(H_2)}{V} = \frac{7\ \text{mol}}{2{,}5\ \text{L}} = 2{,}8\ \text{mol} \cdot \text{L}^{-1}$$

$$c(I_2) = \frac{n(I_2)}{V} = \frac{4\ \text{mol}}{2{,}5\ \text{L}} = 1{,}6\ \text{mol} \cdot \text{L}^{-1}$$

$$c(HI) = \frac{n(HI)}{V} = \frac{2\ \text{mol}}{2{,}5\ \text{L}} = 0{,}8\ \text{mol} \cdot \text{L}^{-1}$$

Berechnung von K_c mit dem MWG (die Einheit von K_c ist variabel):

$$K_c = \frac{c^2(HI)}{c(H_2) \cdot c(I_2)} = \frac{(0{,}8\ \text{mol} \cdot \text{L}^{-1})^2}{2{,}8\ \text{mol} \cdot \text{L}^{-1} \cdot 1{,}6\ \text{mol} \cdot \text{L}^{-1}} \approx \underline{0{,}14}$$

Die Gleichgewichtskonstante K_c beträgt für die Iodwasserstoff-Synthese 0,14.

4 Prinzip vom Zwang

Werden die äußeren Reaktionsbedingungen verändert, so wird die Lage des chemischen Gleichgewichts nach dem **Prinzip des kleinsten Zwangs** von HENRY LE CHATELIER und FERDINAND BRAUN beeinflusst.

Definition: Ein System im chemischen Gleichgewicht reagiert auf Veränderungen der Reaktionsbedingungen so, dass das System dem jeweiligen äußeren Zwang ausweicht.

Die Lage des Gleichgewichts verschiebt sich wie folgt:

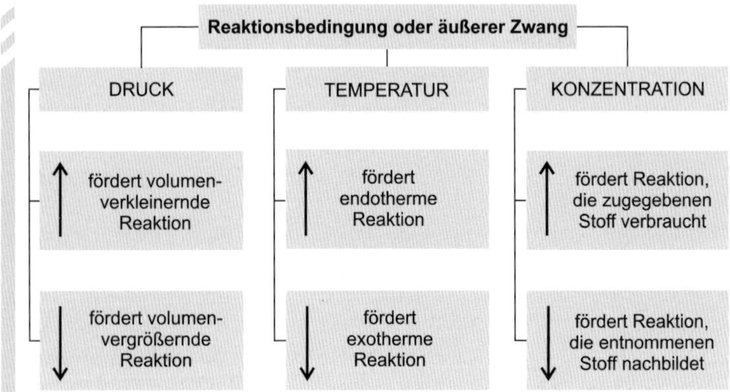

4.1 Anwendungsbeispiel: HABER-BOSCH-Verfahren

Die Beeinflussung der Gleichgewichtslage spielt eine große Rolle für **industrielle Prozesse**. Das Ziel ist, die Konzentration des gewünschten Produkts und damit auch den ökonomischen Gewinn möglichst hoch zu halten.
Das **HABER-BOSCH-Verfahren** dient der großtechnischen Produktion von Ammoniak aus atmosphärischem Stickstoff und Wasserstoff.

Im Synthesereaktor herrscht folgendes Gleichgewicht:

$$N_{2\,(g)} + 3\,H_{2\,(g)} \rightleftharpoons 2\,NH_{3\,(g)} \qquad \Delta H < 0$$

Um die Ausbeute an Ammoniak zu maximieren, muss die Hinreaktion durch die Reaktionsbedingungen möglichst begünstigt werden.

Die Hinreaktion ist …

- **volumenverkleinernd**, da aus vier Gasteilchen auf der Eduktseite zwei Gasteilchen auf der Produktseite entstehen.
- **exotherm**, da die Reaktionsenthalpie ein negatives Vorzeichen besitzt.

Folglich müssen im Synthesereaktor für eine hohe Ammoniak-Ausbeute ein möglichst **hoher Druck** und eine möglichst **niedrige Temperatur** herrschen.

Da die **Aktivierungsenergie** der Hinreaktion relativ groß ist, werden zusätzlich Katalysatoren eingesetzt, um eine niedrigere Temperatur wählen zu können und gleichzeitig eine wirtschaftlich günstige Reaktionsgeschwindigkeit zu erreichen.

Darüber hinaus kann die Ausbeute an Ammoniak erhöht werden, indem das **Reaktionsprodukt** dem Synthesereaktor **entzogen** wird. Der Mangel eines Produktes lässt dessen Synthese (Hinreaktion) verstärkt ablaufen.

4.2 Anwendungsbeispiel: Löslichkeitsgleichgewichte

Salze lösen sich in Wasser. Wird eine zu große Menge gelöst, bildet sich ein Bodenkörper aus. Je schwerlöslicher ein Salz ist, desto schneller ist die Lösung (über dem Bodenkörper) **gesättigt**.

Merke: Die Konzentration eines Salzes in der gesättigten Lösung entspricht der Löslichkeit dieses Salzes.

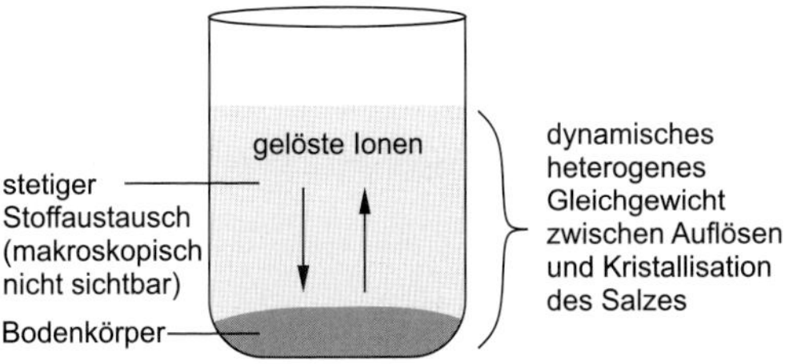

Das Produkt der Konzentrationen der beteiligten Ionen einer gesättigten Salzlösung wird als **Löslichkeitsprodukt** $\boldsymbol{K_L}$ bezeichnet. Diese Größe entspricht der **Gleichgewichtskonstante** der Reaktion des Lösungsvorganges und gibt die maximale Ionenkonzentration bei einer gegebenen Temperatur an.

$$A_nB_m\,(s) \rightleftharpoons n\,A^+\,(aq) + m\,B^-\,(aq)$$

$\boldsymbol{K_L}$ wird aus dem Massenwirkungsgesetz abgeleitet. Da das Salz A_nB_m ein Feststoff ist, gilt: $c(A_nB_m) = 1$

$$K_c = \frac{c^n(A^+)\cdot c^m(B^-)}{c(A_nB_m)} = \frac{c^n(A^+)\cdot c^m(B^-)}{1} = c^n(A^+)\cdot c^m(B^-) = K_L$$

Je größer das Löslichkeitsprodukt ist, desto leichter löst sich ein Salz auf und desto weiter liegt das Gleichgewicht auf der Seite der aquatisierten Ionen.

Merke: Ist das Produkt der gelösten Ionenkonzentrationen größer als das Löslichkeitsprodukt, fällt ein Niederschlag (Bodenkörper) aus.

Silberchlorid AgCl:
Bei 25 °C lösen sich 1,9 mg schwer lösliches AgCl in einem Liter Wasser. Berechnen Sie die Konzentration der Lösung sowie das Löslichkeitsprodukt.

$$\text{AgCl (s)} \rightleftharpoons \text{Ag}^+\text{(aq)} + 2\text{Cl}^-\text{(aq)}$$

$$n(\text{AgCl}) = \frac{m(\text{AgCl})}{M(\text{AgCl})} = \frac{0{,}0019\ \text{g}}{143{,}4\ \frac{\text{g}}{\text{mol}}} = 1{,}32 \cdot 10^{-5}\ \text{mol} \mathrel{\hat{=}} n(\text{Ag}^+) = n(\text{Cl}^-)$$

$$c(\text{Ag}^+) = c(\text{Cl}^-) = \frac{n}{V} = \frac{1{,}32 \cdot 10^{-5}\ \text{mol}}{1\ \text{L}} = 1{,}32 \cdot 10^{-5}\ \text{mol} \cdot \text{L}^{-1}$$

$$K_\text{L} = c(\text{Ag}^+) \cdot c(\text{Cl}^-) = \left(1{,}32 \cdot 10^{-5}\ \frac{\text{mol}}{\text{L}}\right)^2 = \underline{\underline{1{,}74 \cdot 10^{-10}\ \text{mol}^2 \cdot \text{L}^{-2}}}$$

Das **Prinzip vom kleinsten Zwang** nach LE CHATELIER und BRAUN gilt auch für die dynamischen Löslichkeitsgleichgewichte. Auch hier weicht das System dem zugeführten Zwang aus und es stellt sich ein neuer Gleichgewichtszustand ein.

Hinweis: Das Löslichkeitsprodukt K_L ist eine Gleichgewichtskonstante und damit **temperaturabhängig**.

Die Löslichkeit eines Salzes kann durch eine **Temperaturveränderung** beeinflusst werden. Beim Erhitzen **sinkt** die Löslichkeit eines Salzes mit einem **exothermen** Lösungsvorgang, die Löslichkeit eines Salzes mit einem **endothermen** Lösungsvorgang **steigt**.

Auch **gleichionige Zusätze** (z. B. Zugabe von KCl-Lösung zu einer gesättigten AgCl-Lösung) können das Gleichgewicht stören. Die „ionenverbrauchende" Kristallisationsreaktion von AgCl läuft dann verstärkt ab, um dem äußeren Zwang überschüssiger Chlorid-Ionen entgegenzuwirken. In Folge sinkt $c(\text{Ag}^+\text{(aq)})$. K_L ändert sich nicht.

Säure-Base-Reaktionen

Schon gewusst?

❶ Nach der Definition von BRØNSTED geben Säuren in wässrigen Lösungen Protonen ab, während Basen Protonen aufnehmen.
❷ Werden in einer chemischen Reaktion Protonen ausgetauscht, spricht man von einer Protolyse.
❸ Mit dem pH-Wert misst man die Oxonium-Ionen-Konzentration.
❹ Die Stärke einer Säure bzw. einer Base wird über den pK_S- bzw. den pK_B-Wert charakterisiert.
❺ Durch unterschiedliche Elektronegativitäten im Molekül verschieben sich elektrische Ladungen (I-Effekt / M-Effekt).
❻ Für die Berechnung des pH-Wertes von schwachen Säuren oder Basen wird der pK_S- bzw. der pK_B-Wert genutzt.
❼ Die Säure-Base-Titration ist ein quantitatives Analyseverfahren.

1 Säure-Base-Begriff

Der Säure-Base-Begriff hat sich im Laufe der Zeit immer weiter konkretisiert. Die im Schulunterricht gebräuchlichste Variante stammt von **JOHANNES N. BRØNSTED:**

Definition: Als Säuren gelten die Teilchen, die Protonen abgeben **(Protonendonatoren)** und als Basen demnach die Teilchen, die Protonen aufnehmen **(Protonenakzeptoren)**.

Säuren müssen demnach mindestens ein H-Atom gebunden haben und Basen mindestens ein freies Elektronenpaar besitzen.

Hinweis: Das Säure-Base-Konzept von **GILBERT N. LEWIS** ist ein alternatives Modell. Eine LEWIS-Säure bindet Elektronenpaare (Elektronenpaarakzeptor), eine LEWIS-Base stellt ein Elektronenpaar zur Verfügung (Elektronenpaardonator).
So können z. B. die sauren Eigenschaften von Metallchloriden ($FeCl_3$) erklärt werden, die (mangels Protonen) keine BRØNSTED-Säuren sind.

Wichtige Säuren und Laugen:

Anorganische Säuren		**Säurerest**	
Chlorwasserstoffsäure	HCl	Chlorid	Cl^-
Bromwasserstoffsäure	HBr	Bromid	Br^-
Schwefelwasserstoff(säure)	H_2S	Sulfid	S^{2-}
Salpetersäure	HNO_3	Nitrat	$(NO_3)^{2-}$
Salpetrige Säure	HNO_2	Nitrit	$(NO_2)^{2-}$
Schwefelsäure	H_2SO_4	Sulfat	$(SO_4)^{2-}$
Schwefelige Säure	H_2SO_3	Sulfit	$(SO_3)^{2-}$
Kohlensäure	H_2CO_3	Carbonat	$(CO_3)^{2-}$
Phosphorsäure	H_3PO_4	Phosphat	$(PO_4)^{3-}$
Phosphorige Säure	H_3PO_3	Phosphit	$(PO_3)^{3-}$

Organische Säuren		**Säurerest**	
Ameisensäure	$HCOOH$	Formiat	$HCOO^-$
Essigsäure	CH_3COOH	Acetat	CH_3COO^-
Oxalsäure	$(COOH)_2$	Oxalat	$[(COO)_2]^{2-}$ oder $^-OOC{-}COO^-$
Äpfelsäure	$C_4H_6O_5$	Malat	$^-OOC{-}CH_2{-}$ $CHOH{-}COO^-$
Zitronensäure	$C_6H_8O_7$	Citrat	H_2C-COO^- | $HO-C-COO^-$ | H_2C-COO^-

Wichtige Laugen	
Natronlauge	$NaOH$
Kalilauge	KOH
Calciumlauge (Kalkwasser)	$Ca(OH)_2$

2 Protolysegleichgewichte

Eine **Protolyse** ist eine chemische Reaktion, bei der zwischen den Reaktanten ein Proton ausgetauscht wird. Es handelt sich dabei um eine Gleichgewichtsreaktion mit **zwei korrespondierenden Säure-Base-Paaren**.

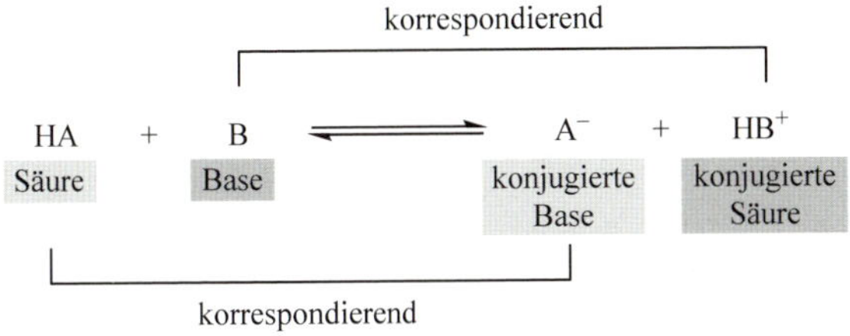

Das elektronegative Sauerstoff-Atom des Wassermoleküls zieht das Wasserstoff-Atom der Salzsäure an und führt schließlich zur **heterolytischen Spaltung** des Säure-Moleküls:

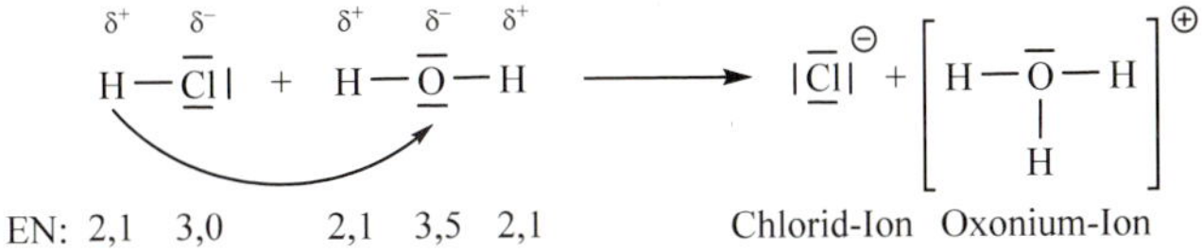

Sind in einem Säure-Molekül mehrere Wasserstoff-Atome gebunden, werden diese nacheinander als Proton abgegeben. Man spricht von einer **mehrstufigen Protolyse**.

Zweistufige **Deprotonierung** von Schwefelsäure:

$$H_2SO_4 + H_2O \rightleftharpoons HSO_4^- + H_3O^+$$

$$HSO_4^- + H_2O \rightleftharpoons SO_4^{2-} + H_3O^+$$

Die **Neutralisationsreaktion** stellt einen Sonderfall der Protolyse dar: Äquivalente Anteile einer Säure und einer Base reagieren miteinander und bilden ein Salz sowie Wasser. Dabei wird Energie in Form von Wärme freigesetzt.

H^+-Säurerest + Metallion-OH^- ⟶ Salz + Wasser

Zweistufige **Neutralisation** bei der Reaktion von Natronlauge mit Schwefelsäure:

1. Stufe: $NaOH + H_2SO_4 \rightleftharpoons NaHSO_4 + H_2O + \Delta E$

2. Stufe: $NaOH + NaHSO_4 \rightleftharpoons Na_2SO_4 + H_2O + \Delta E$

1.+2. : $2\,NaOH + H_2SO_4 \rightleftharpoons Na_2SO_4 + 2\,H_2O + \Delta E$

3 Ionenprodukt des Wassers und pH-Wert

Einige Teilchen, wie z. B. Wasser, sind **Ampholyte**, weil sie sowohl als Säure als auch als Base wirken können. Bei der Reaktion mit einer starken Säure (HA) nimmt Wasser ein Proton auf, dagegen kann Wasser ein Proton an eine starke Base (B) abgeben.

$$OH^- + BH^+ \underset{-B}{\overset{+B}{\rightleftharpoons}} H_2O \underset{-HA}{\overset{+HA}{\rightleftharpoons}} H_3O^+ + A^-$$

In Wasser existiert das folgende **dynamische** Gleichgewicht, auch **Autoprotolyse** genannt:

Es lässt sich folgendes **Massenwirkungsgesetz (MWG)** aufstellen:

$$K_c = \frac{c(H_3O^+)\cdot c(OH^-)}{c^2(H_2O)}$$

Daraus ergibt sich das sog. **Ionenprodukt des Wassers:**

$$K_c \cdot c^2(H_2O) = c(H_3O^+)\cdot c(OH^-)$$

$$K_W = 10^{-14}\ mol^2 \cdot L^{-2} \qquad \text{(bei 25 °C)}$$

Für die **Konzentration** der entstehenden **Oxonium- bzw. Hydroxid-Ionen** in reinem Wasser gilt also bei 25 °C:

$$c(H_3O^+) = c(OH^-) = 10^{-7}\ mol \cdot L^{-1}$$

Das Ionenprodukt des Wassers gilt nicht nur für reines Wasser, sondern auch für verdünnte Lösungen, d. h., $c(H_3O^+)$ und $c(OH^-)$ sind immer voneinander abhängig.

Um zu quantifizieren, wie sauer eine Lösung ist (also wie viel Oxonium-Ionen sie enthält), wurde der pH-Wert eingeführt.

Definition: Der **pH-Wert** einer Lösung der **negative dekadische Logarithmus** des Betrags der in $mol \cdot L^{-1}$ angegebenen Konzentration der Oxonium-Ionen: $pH = -\lg c(H_3O^+)$

Analog gilt für den pOH-Wert: $pOH = -\lg c(OH^-)$

Aus einem gegebenen pH-Wert lässt sich die Konzentration der Oxonium-Ionen folgendermaßen bestimmen:

$\mathbf{c(H_3O^+) = 10^{-pH}}$

Saure Lösung	Neutrale Lösung	Alkalische Lösung
$0 < pH < 7$	$pH = 7$	$7 < pH < 14$
$c(H_3O^+) > 10^{-7}\ mol \cdot L^{-1}$	$c(H_3O^+) = 10^{-7}\ mol \cdot L^{-1}$	$c(H_3O^+) < 10^{-7}\ mol \cdot L^{-1}$

Die Summe aus pH- und pOH-Wert ist in verdünnten Lösungen stets 14. Somit lässt sich der pH-Wert leicht in den pOH-Wert umrechnen:

$\mathbf{pH + pOH = 14 \quad \Rightarrow \quad pOH = 14 - pH}$

4 Säure- und Basenstärke: pK_S- und pK_B-Wert

Die Säure- und die Basenstärke sind **Stoffkonstanten**, mit deren Hilfe sich das Bestreben von Teilchen, Protonen abzugeben bzw. aufzunehmen, vergleichen lässt. Man unterscheidet:

starke Säuren bzw. Basen	schwache Säuren bzw. Basen
vollständige Protolyse	Einstellung eines Gleichgewichts wegen unvollständiger Protolyse

Für das Gleichgewicht einer **schwachen Säure** gilt:

$$HA + H_2O \rightleftharpoons A^- + H_3O^+$$

$$K_c = \frac{c(H_3O^+) \cdot c(A^-)}{c(HA) \cdot c(H_2O)}$$

Das **Massenwirkungsgesetz** kann folgendermaßen umgestellt werden:

$$K_c \cdot c(H_2O) = K_S = \frac{c(H_3O^+) \cdot c(A^-)}{c(HA)}$$

Das Produkt aus der Gleichgewichtskonstante K_c und der (konstant hohen) Konzentration von Wasser bezeichnet man als **Säure- bzw. Basenkonstante** eines Stoffes (K_S bzw. K_B).

Für einen Vergleich mehrerer Stoffe eignet sich eher der zugehörige pK_S- bzw. pK_B-Wert, also eine logarithmische Skala, da sich die K_S- bzw. K_B-Werte um viele Zehnerpotenzen unterscheiden können:

$$pK_S = -\lg K_S \qquad pK_B = -\lg K_B$$

$$K_S = 10^{-pK_S} \qquad K_B = 10^{-pK_B}$$

Merke: $K_S \cdot K_B = 10^{-14}$ oder $pK_S + pK_B = 14$

Reaktion von **Chlorwasserstoff** in einer wässrigen Lösung:

korrespondierende Säure-Base-Paare

$$HCl + H_2O \rightleftharpoons Cl^- + H_3O^+$$

HCl	H_2O	Cl^-	H_3O^+
starke Säure	schwache Base	schwache Base	starke Säure
$pK_S = -6$	$pK_B = 15{,}74$	$pK_B = 20$	$pK_S = -1{,}74$

Merke: Je **kleiner** der pK_S-Wert bzw. pK_B-Wert ist, desto **stärker** ist die Säure bzw. Base.

Je **stärker** eine Säure ist, desto **schwächer** ist ihre korrespondierende Base und umgekehrt.

Für eine Einteilung der Säure- bzw. Basenstärke wurde als Bezugssystem das Oxonium-Ion mit einem pK_S-Wert von –1,74 festgelegt:

starke Säuren	$pK_S < -1{,}74$	z. B. HCl, HI, H_2SO_4
schwache Säuren	$pK_S > -1{,}74$	z. B. CH_3COOH, H_2CO_3, H_2S
starke Basen	$pK_B < -1{,}74$	z. B. S^{2-}, O^{2-}, OH^-
schwache Basen	$pK_B > -1{,}74$	z. B. NH_3, CH_3COO

5 Elektronische Effekte

Die **Säurestärke** einer organischen Säure hängt u. a. davon ab, wie leicht das endständige Proton der Carboxy-Gruppe abgespalten werden kann. Die Deprotonierung wird begünstigt, wenn die Polarität der Carboxy-Funktion erhöht ist.
Funktionelle Gruppen oder Substituenten können die Ladungsdichte im Molekül über zwei **elektronische Effekte** beeinflussen: der induktive Effekt (I-Effekt) und der mesomere Effekt (M-Effekt).

5.1 Der I-Effekt

Der induktive Effekt beruht auf der **elektrostatischen Influenz** entlang chemischer Bindungen.

Hinweis: Influenz beschreibt die Verschiebung elektrischer Ladungen.

Ausschlaggebend für die Richtung des induktiven Effekts ist der Elektronegativitätswert: Das elektronegativere Atom zieht die Bindungselektronen stärker an. In der Folge wird die Bindung polarisiert und die Elektronendichte verschiebt sich.

Elektronendichte ↑

Elektronendichte ↓

elektronenschiebender Effekt

Substituent hat einen geringeren EN-Wert

Beispiele:
Methyl-Gruppe, Metalle

elektronenziehender Effekt

Substituent hat einen höheren EN-Wert

Beispiele:
Halogene, sauerstoff- und stickstoffhaltige Moleküle

Beachte: Der induktive Effekt nimmt schnell mit der Entfernung zum Substituenten oder der funktionellen Gruppe ab. Daher sollte man nur drei benachbarte Bindungen zur Beurteilung heranziehen.

Säurestärke verschiedener Carbonsäuren

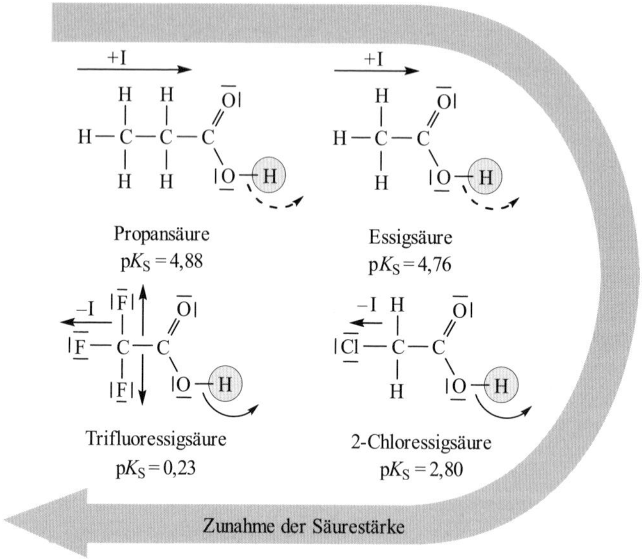

5.2 Der M-Effekt

Bei Verbindungen mit **delokalisierten π-Elektronen** spielt außerdem der mesomere Effekt eine Rolle. Da diese Elektronen viel leichter verschoben werden können als Bindungselektronen, ist der M-Effekt wesentlich **stärker** als der I-Effekt.

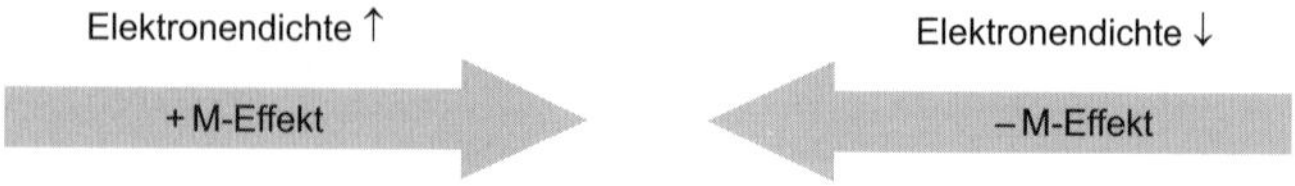

elektronenschiebender Effekt

Substituent hat freie Elektronenpaare und stellt diese dem π-Elektronensystem zur Verfügung

Beispiele:
OH-, Ether-, Amino-Gruppe und Halogene

elektronenziehender Effekt

Substituent mit konjugierten Doppelbindungen zieht π-Elektronen an

Beispiele:
Keto-, Aldehyd-, Ester- und Carboxy-Gruppe

Säurestärke von Phenol und Nitrophenolen (aromatische Säuren)

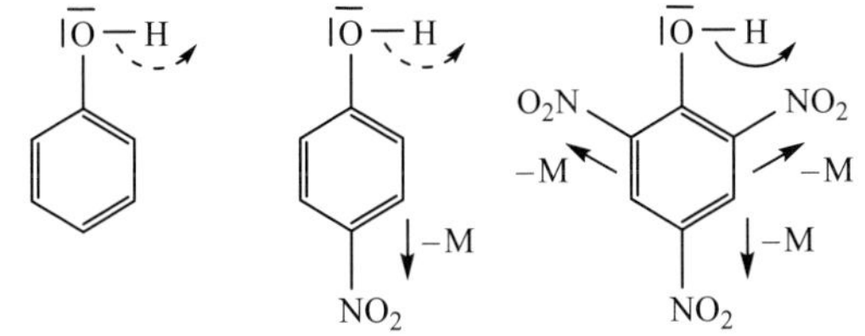

Phenol	p-Nitrophenol	Pikrinsäure (Trinitrophenol)
$pK_S = 9{,}99$	$pK_S = 7{,}16$	$pK_S = 0{,}29$

Säurestärke nimmt zu →

Der –M-Effekt der Nitrogruppe stabilisiert zusätzlich das entstehende Anion. Auch dadurch wird die Deprotonierung begünstigt.

6 pH-Wert von starken und schwachen Säuren und Basen

Mithilfe der Säure- bzw. Basenkonstanten lassen sich die **pH-Werte** von **wässrigen Lösungen schwacher Säuren und Basen** berechnen. Außerdem kann mit dem pH-Wert die **Konzentration** einer Säure bzw. Base ermittelt werden.

6.1 Starke Säuren bzw. starke Basen

Alle Säure- bzw. Basenteilchen sind in Wasser vollständig protolysiert:

$$HA + H_2O \rightleftharpoons A^- + H_3O^+ \quad \text{bzw.}$$

$$B + H_2O \rightleftharpoons HB^+ + OH^-$$

Im Gleichgewicht geht die Konzentration der Säure bzw. Base gegen null und die Konzentration der Oxonium- bzw. Hydroxid-Ionen entspricht der Anfangskonzentration c_0 der Säure bzw. Base:

$$c(H_3O^+) = c_0(HA) \quad \text{bzw.} \quad c(OH^-) = c_0(B)$$

Für den **pH-Wert** einer starken Säure bzw. Base gilt:

$pH = -\lg c(H_3O^+)$ bzw. $pH = 14 + \lg c(OH^-)$

6.2 Schwache Säuren bzw. schwache Basen

Die Säure steht im Gleichgewicht mit ihrer korrespondierenden Base:

$HA + H_2O \rightleftharpoons A^- + H_3O^+$

Es gilt das **Massenwirkungsgesetz** (MWG) für die Protolyse:

$$K_c = \frac{c(H_3O^+) \cdot c(A^-)}{c(HA) \cdot c(H_2O)} \qquad \text{mit: } K_c \cdot c(H_2O) = K_S$$

$$K_S = \frac{c(H_3O^+) \cdot c(A^-)}{c(HA)} \qquad \text{mit: } c(H_3O^+) = c(A^-)$$

$$K_S = \frac{c(H_3O^+)^2}{c(HA)}$$

Bei **schwachen Säuren** verläuft die Dissoziation unvollständig, es wird vereinfachend angenommen, dass $c(HA) \approx c_0(HA)$ ist.

$$K_S \approx \frac{c(H_3O^+)^2}{c_0(HA)} \quad \Rightarrow \quad c(H_3O^+) = \pm\sqrt{K_S \cdot c_0(HA)}$$

Analoge Überlegungen führen zu folgender Berechnungsformel für die Konzentration der Hydroxid-Ionen **schwacher Basen**:

$c(OH^-) = \pm\sqrt{K_B \cdot c_0(B)}$

Für den **pH-Wert** einer schwachen Säure bzw. Base ergibt sich:

$pH = \frac{1}{2} \cdot (pK_S - \lg c_0(HA))$ bzw. $pH = 14 - \frac{1}{2} \cdot (pK_B - \lg c_0(B))$

Mithilfe eines gemessenen pH-Wertes (über die Oxonium- bzw. Hydroxid-Ionen-Konzentration) kann die Anfangskonzentration einer schwachen Säure bzw. Base bestimmt werden.

$c_0(HA) = K_S \cdot c^2(H_3O^+)$ bzw. $c_0(B) = K_B \cdot c^2(OH^-)$

7 Säure-Base-Titration

Die Titration gehört zu den **quantitativen Analyseverfahren**, d. h., die unbekannte Konzentration einer Analysenlösung kann durch Zugabe einer Maßlösung bekannter Konzentration bestimmt werden. Die zugrunde liegende Reaktion muss einen messbaren **Endpunkt** haben. Bei **Säure-Base-Titrationen** nutzt man dafür den **pH-Wert**. Mithilfe von verschiedenen Indikatoren kann dieser optisch sichtbar gemacht werden. Der Endpunkt, auch **Äquivalenzpunkt** genannt, ist dann erreicht, wenn die stattfindende **Neutralisation** vollständig abgelaufen ist, also die Stoffmenge der Säure der Stoffmenge der Base entspricht.

Hinweis: Jener Äquivalenzpunkt einer Titration entspricht nicht immer dem Neutralpunkt (pH = 7).

Wird der pH-Wert im Verlauf einer Titration in Abhängigkeit vom Volumen der zugegebenen **Maßlösung** gemessen, so ergeben sich **Titrationskurven**.

7.1 Titration mit einer starken Base (z. B. Natronlauge)

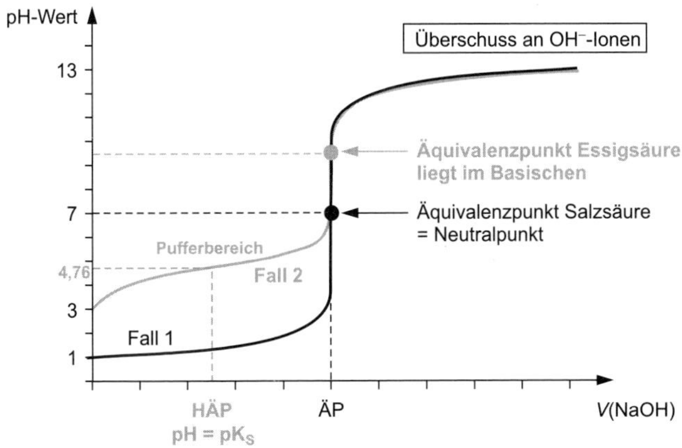

Fall 1: Analysenlösung ist eine starke Säure (z. B. HCl)

Die schwarze Titrationskurve beginnt bei pH = 1, daher gilt:
$c(H_3O^+) = 10^{-pH} = 0{,}1\ mol \cdot L^{-1}$

Da der pK_S-Wert der Oxonium-Ionen kleiner als −1,74 ist, liegt die Salzsäure **vollständig protolysiert** vor:

$$HCl + H_2O \rightleftharpoons Cl^- + H_3O^+ \quad \text{d. h. } c(H_3O^+) = c_0(HCl)$$

Bei der Zugabe von Natronlauge findet folgende Reaktion statt:

$$Cl^- + H_3O^+ + Na^+ + OH^- \rightleftharpoons Na^+ + Cl^- + 2\,H_2O$$

Am **Äquivalenzpunkt (ÄP)** sind die Stoffmengen identisch:
$n_{zu}(OH^-) = n_0(H_3O^+) = n_0(HCl)$

Merke: Bei einer Titration einer starken Säure mit einer starken Base liegt der Äquivalenzpunkt bei pH = 7, weil die dort vorliegende Natriumchlorid-Lösung **neutral** reagiert.

Der pH-Wert jenseits des Äquivalenzpunktes wird durch den **Überschuss an Hydroxid-Ionen** aus der Maßlösung bestimmt.

Fall 2: Analysenlösung ist eine schwache Säure (z. B. CH_3COOH)

Mit einem pK_S-Wert von 4,76 ist Essigsäure (kurz: HAc) eine schwache Säure, d. h., sie liegt zu Beginn der Titration **nicht vollständig protolysiert** vor. Es herrscht das folgende Gleichgewicht:

$$HAc + H_2O \rightleftharpoons Ac^- + H_3O^+$$

Bei der Titration entsteht die graue Kurve. Die zugegebenen Hydroxid-Ionen (der Maßlösung) **neutralisieren** zunächst die Oxonium-Ionen und anschließend die undissoziierten Essigsäure-Moleküle. Am **Halbäquivalenzpunkt** (HÄP) ist genau die Hälfte der ursprünglich vorhandenen Essigsäure-Moleküle verbraucht. Der pH-Wert entspricht an diesem Punkt dem pK_S-Wert der Essigsäure und bleibt in dem Bereich nahezu unverändert (Pufferbereich, siehe S. 80). Es hat sich (kurzzeitig) ein **Gleichgewichtszustand** eingestellt.

Am **Äquivalenzpunkt** (ÄP) gilt das folgende Stoffmengengleichgewicht: $n_{zu}(OH^-) = n_0(HAc)$

Merke: Die an diesem Punkt vorliegende Natriumacetat-Lösung reagiert **alkalisch**, d. h., der pH-Wert ist größer als 7.

Die Titrationskurve nähert sich nach dem Äquivalenzpunkt der der starken Säure an, da die Hydroxid-Ionen der Maßlösung den pH-Wert maßgeblich bestimmen.

Zusammenfassung

Die Titrationskurven einer starken und einer schwachen Säure, die mit einer starken Base als Maßlösung („gegen eine starke Base“) titriert werden, können anhand ihres Verlaufs unterschieden werden:

Analysenlösung	Starke Säure	Schwache Säure
pH-Wert (Start)	$pH = -\lg\{c(HA)\}$	$pH = \frac{1}{2} \cdot (pK_S - \lg\{c_0(HA)\})$
pH-Wert (ÄP)	7	>7
pH-Wert (Ende)	im Basischen	im Basischen
Wendepunkte	1	2
Pufferbereich	Nein	Ja (um den HÄP)

7.2 Titration mit einer starken Säure (z. B. Salzsäure)

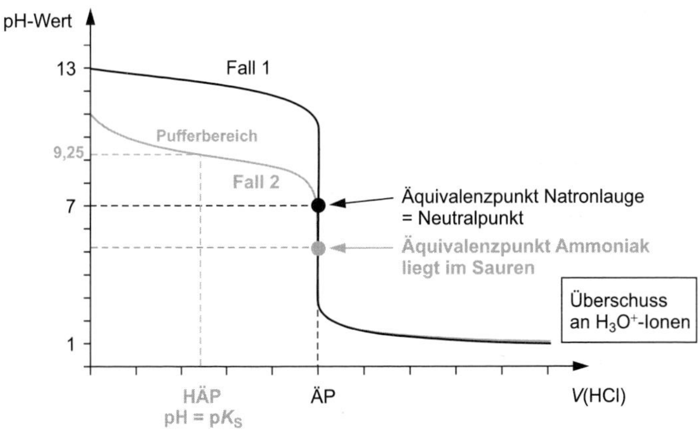

Fall 1: Analysenlösung ist eine starke Base (z. B. NaOH)

Die schwarze Titrationskurve beginnt bei pH = 13, daher gilt:
$c(H_3O^+) = 10^{-pH} = 10^{-13}\ mol \cdot L^{-1}$ und $c(OH^-) = 0{,}1\ mol \cdot L^{-1}$

Da der pK_B-Wert der Hydroxid-Ionen kleiner als –1,74 ist, liegt die Natronlauge **vollständig protolysiert** vor:

$$NaOH + H_2O \rightleftharpoons Na^+ + OH^- \quad \text{d. h. } c(OH^-) = c_0(NaOH)$$

Bei der Titration mit Salzsäure findet folgende Reaktion statt:

$$Na^+ + OH^- + H_3O^+ + Cl^- \rightleftharpoons Na^+ + Cl^- + 2\,H_2O$$

Am **Äquivalenzpunkt (ÄP)** gilt:
$n_{zu}(H_3O^+) = n_0(OH^-) = n_0(NaOH)$

Merke: Bei einer Titration einer starken Base mit einer starken Säure liegt der Äquivalenzpunkt bei pH = 7, weil die dort vorliegende Natriumchlorid-Lösung **neutral** reagiert.

Der pH-Wert jenseits des Äquivalenzpunktes wird durch den **Überschuss an Oxonium-Ionen** aus der Maßlösung bestimmt.

Fall 2: Analysenlösung ist eine schwache Base (z. B. NH_3)

Mit einem pK_B-Wert von 4,75 ist Ammoniak eine schwache Base, d. h., sie liegt zu Beginn der Titration **nicht vollständig protolysiert** vor. Es herrscht das folgende Gleichgewicht:

$$NH_3 + H_2O \rightleftharpoons OH^- + NH_4^+$$

Die zugegebenen Oxonium-Ionen (der Maßlösung) **neutralisieren** zunächst die Hydroxid-Ionen und anschließend die undissoziierten Ammoniak-Moleküle. Am **Halbäquivalenzpunkt** (HÄP) ist genau die Hälfte der ursprünglich vorhandenen Ammoniak-Moleküle verbraucht. Der pH-Wert entspricht an diesem Punkt dem pK_S-Wert der Ammonium-Ionen (der korrespondierenden Säure!) und bleibt in dem Bereich nahezu unverändert (Pufferbereich, siehe S. 80). Es hat sich (kurzzeitig) ein **Gleichgewichtszustand** eingestellt.

Am **Äquivalenzpunkt** (ÄP) gilt das folgende Stoffmengengleichgewicht: $n_{zu}(H_3O^+) = n_0(NH_3)$

Merke: Die an diesem Punkt vorliegende Ammoniumchlorid-Lösung reagiert **sauer**, d. h., der pH-Wert ist kleiner als 7.

Die Titrationskurve nähert sich dann der der starken Säure an, da die Oxonium-Ionen der Maßlösung den pH-Wert maßgeblich bestimmen.

Zusammenfassung

Die Titrationskurven einer starken und einer schwachen Base, die mit einer starken Säure als Maßlösung („gegen eine starke Säure") titriert werden, können anhand ihres Verlaufs unterschieden werden:

Analysenlösung	Starke Base	Schwache Base
pH-Wert (Start)	$pH = 14 + \lg\{c(\text{Base})\}$	$pH = 14 - \frac{1}{2} \cdot (pK_B - \lg\{c_0(\text{Base})\})$
pH-Wert (ÄP)	7	< 7
pH-Wert (Ende)	im Sauren	im Sauren
Wendepunkte	1	2
Pufferbereich	Nein	Ja (um den HÄP)

7.3 Henderson-Hasselbalch-Gleichung

Wässrige **Pufferlösungen** bestehen aus einer schwachen Säure und ihrer korrespondierenden Base. Diese hergestellten Stoffgemische ändern bei Zugabe von Oxonium- bzw. Hydroxid-Ionen ihren pH-Wert nur kaum.

Diese **Pufferwirkung** kommt zustande, da die zugegebenen Ionen abgefangen werden. Statt des pH-Wertes ändert sich nur das Verhältnis der schwachen Säure zu ihrer korrespondierenden Base.

Komplexere Puffersysteme wie z. B. der Kohlensäure-Hydrogencarbonat-Puffer befinden sich in unserem Blut oder in natürlichen Gewässern.

Der pH-Wert einer Pufferlösung kann folgendermaßen berechnet werden. Betrachten wir das **Gleichgewicht einer schwachen Säure:**

$$HA + H_2O \rightleftharpoons A^- + H_3O^+$$

Es gilt das **Massenwirkungsgesetz:**

$$K_c = \frac{c(H_3O^+) \cdot c(A^-)}{c(HA) \cdot c(H_2O)}$$

$$K_c \cdot c(H_2O) = \frac{c(H_3O^+) \cdot c(A^-)}{c(HA)}$$

$$K_S = c(H_3O^+) \cdot \frac{c(A^-)}{c(HA)}$$

$$-pK_S = -pH + \lg \frac{c(A^-)}{c(HA)}$$

Daraus ergibt sich die **HENDERSON-HASSELBALCH-Gleichung:**

$$pH = pK_S + \lg \frac{c(A^-)}{c(HA)}$$ A^-: Protonenakzeptor HA: Protonendonator

Da sich mit ihr pH-Werte einer Puffermischung berechnen lassen, wird diese auch oft einfach als **Puffergleichung** bezeichnet.

Am **Halbäquivalenzpunkt** gilt:

$pH = pK_S$ da $c(HA) = c(A^-)$

Der pK_S-Wert einer schwachen Säure kann also direkt an der Titrationskurve abgelesen werden.

Um den Halbäquivalenzpunkt herum befindet sich der **Pufferbereich**. Hier ändert sich der pH-Wert trotz Zugabe von Maßlösung kaum.

Hinweis: Der pK_S-Wert kann mittels **Halbtitration** experimentell bestimmt werden. Zunächst wird ein bekanntes Volumen der schwachen Säure (unbekannter Konzentration, Analysenlösung) bis zum Äquivalenzpunkt titriert.

Im Anschluss gibt man zum gleichen Volumen der Analysenlösung exakt **die Hälfte der Maßlösung**, die für das Erreichen des Äquivalenzpunktes erforderlich war.

Dadurch wird der Halbäquivalenzpunkt erreicht, an dem schließlich der **pH-Wert der Lösung** bestimmt wird. Dieser Wert entspricht dem pK_S-Wert.

7.4 Säure-Base-Indikatoren

Säure-Base-Indikatoren werden zur Bestimmung des pH-Wertes einer Lösung und zur Endpunktbestimmung einer Säure-Base-Titration verwendet. Da sie nur in einer geringen Konzentration zugegeben werden, beeinflussen sie den Verlauf der Titrationskurve nicht.

Am **Äquivalenzpunkt** (ÄP) einer Titration wurden sämtliche Moleküle der Säure bzw. Base in der Analysenlösung durch die zugegebene Maßlösung umgesetzt.

Daher gilt am ÄP: n_{zu}(Maßlösung) = n_0(Analysenlösung).

Mithilfe des **Stoffmengengleichgewichts** kann die Konzentration der Analysenlösung berechnet werden:

$$c(\text{Analysenlsg.}) \cdot V(\text{Analysenlsg.}) = c(\text{Maßlsg.}) \cdot V(\text{Maßlsg.})$$

$$\Rightarrow \quad c(\text{Analysenlsg.}) = \frac{c(\text{Maßlsg.}) \cdot V(\text{Maßlsg.})}{V(\text{Analysenlsg.})}$$

Das bis zum Äquivalenzpunkt benötigte Volumen der Maßlösung kann aus der Titrationskurve abgelesen werden. Oft wird das Erreichen des Äquivalenzpunktes („der Umschlagpunkt“) einfach direkt während der Titration mithilfe von **Säure-Base-Indikatoren** angezeigt. Solche Indikatoren sind Lösungen einer schwachen Indikatorsäure (HInd) und ihrer andersfarbigen korrespondierenden Base (Ind^-).

korespondierendes Säure-Base-Paar

$$\text{Hind} + H_2O \rightleftharpoons \text{Ind}^- + H_3O^+$$

Farbe 1 (Hind) — Farbe 2 (Ind^-)

In wässriger Lösung ändern sie in Abhängigkeit von der Konzentration an Oxonium-Ionen ihre Farbe:

Zugabe von …	Gleichgewichtslage	überwiegende Farbe
Oxonium-Ionen	verschiebt sich nach links	Farbe 1 überwiegt
Hydroxid-Ionen	verschiebt sich nach rechts	Farbe 2 überwiegt

Säure-Base-Indikatoren wirken ähnlich einem **Puffersystem**, daher gilt auch hier die HENDERSON-HASSELBALCH-Gleichung:

$$pH = pK_S + \lg \frac{c(Ind^-)}{c(HInd)}$$

Am **Umschlagpunkt** des Indikators gilt:

$pH(Umschlagpunkt) = pK_S(Indikatorsäure)$ da $c(HInd) = c(Ind^-)$

Merke: Da das menschliche Auge keinen exakten Umschlagpunkt wahrnehmen kann, ergibt sich folgender **Umschlagbereich:**

$c(HInd) : c(Ind) =$ **1 : 10 bis 10 : 1**

$\Rightarrow$ **pH(Umschlagsbereich) = pK_S ± 1**

Farben gebräuchlicher Indikatoren abhängig vom pH-Wert:

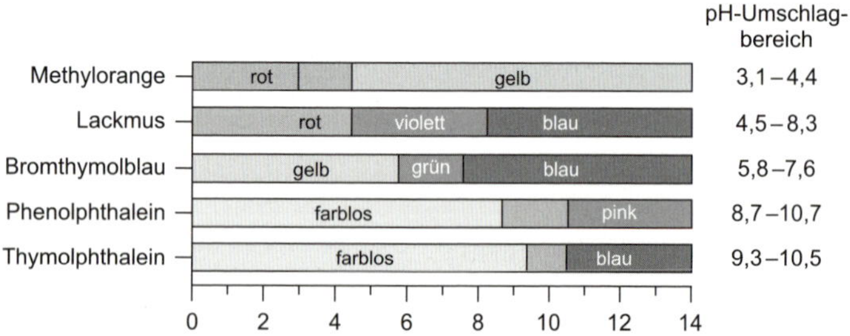

Innerhalb des Umschlagbereiches lässt sich eine Mischfarbe beobachten.

Tipp: In der analytischen Praxis muss der **Indikator** für eine Säure-Base-Titration so gewählt werden, dass der pH-Wert am Äquivalenzpunkt innerhalb des Umschlagsbereichs liegt.

Ein Universalindikator ist eine Mischung aus verschiedenen Indikatoren und weist daher mehrere Umschlagbereiche auf.

Redoxreaktionen

Schon gewusst?

❶ Die zwei korrespondierenden Redoxpaare einer Redoxreaktion sind durch Elektronenübertragung ineinander überführbar.

❷ Oxidationszahlen leiten sich aus dem Periodensystem und dem Aufbau einer Verbindung ab.

❸ Beim Aufstellen von Redoxgleichungen bestimmt man anhand der Oxidationszahlen, welches Teilchen oxidiert und welches reduziert wird.

❹ Bei einer Redoxtitration werden die Teilchen der Probenlösung vollständig mit denen der Maßlösung in einer Redoxreaktion umgesetzt.

❺ Das Donator-Akzeptor-Prinzip kann sowohl auf Redox- als auch auf Säure-Base-Reaktionen angewendet werden.

1 Elektronenübergänge

Redoxreaktionen stellen **umkehrbare** chemische Reaktionen dar, bei der unter den Reaktanten **Elektronen** ausgetauscht werden. Sie unterliegen daher, wie die Säure-Base-Reaktionen dem **Donator-Akzeptor-Prinzip**.

Hinweis: In der Sekundarstufe I wird die Redoxreaktion meist anhand der Übertragung von Sauerstoff eingeführt – das ist jedoch keine allgemeingültige Definition.

Die Redoxreaktion wird in zwei **Teilreaktionen** unterteilt, die zeitgleich ablaufen:

Oxidation	Elektronenabgabe	Reduktionsmittel ⟶ Produkt + e^- (Oxidationszahl steigt)
Reduktion	Elektronenaufnahme	Oxidationsmittel + e^- ⟶ Produkt (Oxidationszahl sinkt)

Für eine Teilreaktion existiert definitionsgemäß immer ein **korrespondierendes Redoxpaar** (Schreibweise Red 1/Ox 1 und Red 2/Ox 2):

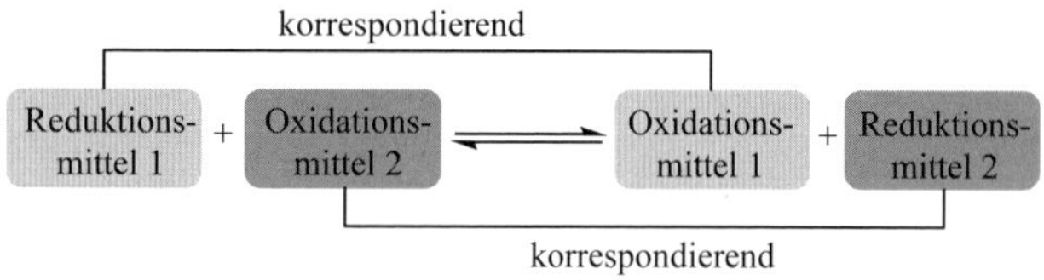

	Reduktionsmittel	**Oxidationsmittel**
Funktion	reduzieren Reaktionspartner (Elektronendonator)	oxidieren Reaktionspartner (Elektronenakzeptor)
Elektronen	Abgabe	Aufnahme
Folge	werden selbst oxidiert	werden selbst reduziert
Ox.-Zahl	wird größer	wird kleiner
Beispiele	Iodide (I^-) Sulfide (S^{2-}) Alkalimetalle (Li, Na, K)	Permanganate (MnO_4^-) Dichromate ($Cr_2O_7^{2-}$) Halogene (F_2, Cl_2 …)

Merke: Tritt eine chemische Verbindung in einer Redoxreaktion sowohl als Reduktions- als auch als Oxidationsmittel auf, spricht man von einer **Disproportionierung** (mittlere Oxidationszahl wird zu kleinerer und höherer Oxidationszahl) oder einer **Synproportionierung** (umgekehrter Vorgang).

2 Oxidationszahlen

Oxidationszahlen geben die **gedachte Ladung eines einzelnen Atoms** an, unter der Annahme, dass die chemische Verbindung nur aus einatomigen Ionen besteht. Sie werden typischerweise in römischen Ziffern über dem Atom aufgeführt.

Definition: Die Oxidationszahl entspricht der Differenz zwischen der Zahl der Valenzelektronen im Elementarzustand (abzulesen im PSE) und der vorhandenen Elektronen im formalen Ion.

Existiert im Molekül eine polare Atombindung, so werden die Bindungselektronen formal dem elektronegativeren Atom zugeteilt. Herrscht kein Unterschied in den EN-Werten, wird jedem Atom ein Bindungselektron zugeordnet und zu den Valenzelektronen addiert.

Vereinfachte Festlegungen:

- Atome in Elementen: Oxidationszahl 0
- Metall-Ionen/-Atome: positive Oxidationszahl
- einatomige Ionen: Oxidationszahl = Ladung
- mehratomige Ionen: Summe der Oxidationszahlen = Ladung (Indexzahlen beachten!)
- Moleküle: Summe der Oxidationszahl = 0
- Festlegungen geordnet nach Priorität:
  F-Atom: –I; H-Atom: +I; O-Atom: meist –II (in Peroxiden: –I)

Hinweis: Bei organischen Verbindungen betrachtet man zur Bestimmung der Oxidationszahlen jedes C-Atom separat (mit den daran gebundenen Atomen).

3 Aufstellen von Redoxgleichungen

Es gibt verschiedene Vorgehensweisen beim Aufstellen von Redoxgleichungen. Im Folgenden ist eine bewährte Methode dargestellt:

Schritt A: Bestimmung der relevanten **Oxidationszahlen** und Zuordnung des Oxidations- und Reduktionsmittels

Schritt B: Formulierung der **Teilgleichungen** für Oxidation und Reduktion

1. Aufstellen des Redoxpaares mit stöchiometrischen Koeffizienten und Zuordnung der Oxidationszahlen
2. Elektronenausgleich durch Vergleich der Oxidationszahlen (Faktoren und Indexzahlen beachten!)
3. Falls nötig: Ladungsausgleich mit H_3O^+-Ionen („im Sauren") oder OH^--Ionen („im Alkalischen"), da die Summe der Ladungen auf beiden Seiten identisch sein muss
4. Falls nötig: Stoffausgleich mit H_2O-Teilchen („Atome zählen")

Merke: Bei der **O**xidation wird die Oxidationszahl p**O**sitiver. Bei der **RE**duktion wird die Oxidationszahl n**E**gativer.

Bei der Oxidation stehen die Elektronen rechts vom Pfeil, bei der Reduktion stehen die Elektronen links vom Pfeil.

Schritt C: Erstellen der **Gesamtgleichung**

1. Anzahl der abgegebenen Elektronen muss gleich der Anzahl der aufgenommenen Elektronen sein
   ⇒ aus Differenz der Oxidationszahlen bestimmen
2. Ist dies nicht der Fall, werden die Teilgleichungen mit dem kleinsten gemeinsamen Vielfachen multipliziert
3. Addition der Teilgleichungen ⇒ durch Verrechnen von Edukten und Produkten entsteht die Gesamtgleichung.

Im sauren Milieu werden **Iodid-Ionen** durch **Kaliumpermanganat-Lösung** zu elementarem **Iod** oxidiert. Dabei entfärbt sich die violette Lösung und es entstehen **Mn(II)-Ionen**.
Formulieren Sie die Reaktionsgleichungen sowohl für die Teilreaktionen als auch für die Redoxreaktion.

Schritt A: $\overset{0}{I_2} / \overset{-I}{I^-}$ und $\overset{+II}{Mn^{2+}} / \overset{+VII\ -II}{MnO_4^-}$ sind korrespondierende Redoxpaare
Iodid-Ionen sind das Reduktionsmittel
Permanganat-Ionen sind das Oxidationsmittel

Schritt B: Iodid-Ionen werden in saurer Umgebung zu Iod-Molekülen oxidiert:

1. $\overset{-I}{2\,I^-} \longrightarrow \overset{0}{I_2}$
2. $2\,I^- \longrightarrow I_2 + 2\,e^-$

3. und 4. sind nicht nötig

Schritt B: Permanganat-Anionen (MnO_4^-) werden in saurer Umgebung zu Mn(II)-Ionen reduziert:

1. $\overset{+VII\ -II}{MnO_4^-} \longrightarrow \overset{+II}{Mn^{2+}}$
2. $MnO_4^- + 5\,e^- \longrightarrow Mn^{2+}$
3. $MnO_4^- + 5\,e^- + 8\,H_3O^+ \longrightarrow Mn^{2+}$
4. $MnO_4^- + 5\,e^- + 8\,H_3O^+ \longrightarrow Mn^{2+} + 12\,H_2O$

Schritt C: Die Gesamtgleichung der Redoxreaktion von Permanganat-Anionen mit Iodid-Ionen:

1. + 2.

Ox.: $2\,I^- \longrightarrow I_2 + 2\,e^- \quad |\cdot 5$

Red.: $MnO_4^- + 5\,e^- + 8\,H_3O^+ \longrightarrow \quad + 12\,H_2O \quad |\cdot 2$

3. + 4.

Redox: $2\,MnO_4^- + 10\,I^- + 16\,H_3O^+ \longrightarrow 2\,Mn^{2+} + 5\,I_2 + 24\,H_2O$

4 Redoxtitration

Neben der Säure-Base-Titration zählt auch die Redoxtitration zu den **quantitativen Analyseverfahren**, bei denen die unbekannte Konzentration einer Probenlösung bestimmt werden soll. Die in der Probenlösung enthaltenen Teilchen müssen oxidierbar oder reduzierbar sein. Entsprechend wirkt die Maßlösung reduzierend bzw. oxidierend. Die zugrundeliegende Reaktion ist die **Redoxreaktion**.

Häufig verwendete Redoxtitrationen sind beispielsweise:

Maßlösung	enthält …	wirkt …	wird selbst …
Bromatometrie	Bromat-Ionen (BrO_3^-)	oxidierend	reduziert
	Reduktion: $\overset{+V}{Br}$ → $\overset{0}{Br}$; Oxidation: $\overset{-I}{Br}$ → $\overset{0}{Br}$ (Synproportionierung) $\overset{+V}{BrO_3^-} + 5\,\overset{-I}{Br^-} + 6\,H_3O^+ \longrightarrow 3\,\overset{0}{Br_2} + 9\,H_2O$ BrO_3^- farblos, Br_2 braun		
Iodometrie	a) Iod-Moleküle	oxidierend	reduziert
	b) Iodid-Ionen	reduzierend	oxidiert
	Reduktion: $\overset{-I}{O}$ → $\overset{-II}{O}$; Oxidation: $\overset{-I}{I}$ → $\overset{0}{I}$ $\overset{-I}{H_2O_2} + 2\,\overset{-I}{I^-} + 2\,H_3O^+ \longrightarrow \overset{0}{I_2} + 4\,\overset{-II}{H_2O}$ Indikation: Iod + Stärke ⇒ blauer Iod-Stärke Komplex		
Manganometrie	Permanganat-Ionen (MnO_4^-)	oxidierend	reduziert
	Oxidation: $\overset{+II}{Fe}$ → $\overset{+III}{Fe}$; Reduktion: $\overset{+VII}{Mn}$ → $\overset{+II}{Mn}$ $5\,\overset{+II}{Fe^{2+}} + \overset{+VII}{MnO_4^-} + 8\,H_3O^+ \longrightarrow 5\,\overset{+III}{Fe^{3+}} + \overset{+II}{Mn^{2+}} + 12\,H_2O$ MnO_4^- rotviolett, Mn^{2+} blassrosa / farblos		

Der Endpunkt einer Redoxtitration ist meist an der Färbung/Entfärbung der Probe durch den Überschuss an Maßlösung erkennbar.

Redoxtitration: Endpunktbestimmung

	Eigenindikation	**Redoxindikatoren**	**Potentiometrie**
Prinzip:	Maßlösungen sind farbig	werden selbst oxidiert oder reduziert	Spannungsänderung zw. Probenlösung und Elektrode
Titration:	zugetropfte Maßlösung wird entfärbt	Probenlösung ist gefärbt/farblos	Titrationskurve durch Auftragen von Messwerten
Endpunkt:	Probenlösung färbt sich	Farbänderung des Redoxindikators	grafische oder rechnerische Bestimmung

5 Vergleich Säure-Base- mit Redoxreaktionen

Redoxreaktionen sind wie Säure-Base-Reaktionen Gleichgewichtsreaktionen, die nach dem **Donator-Akzeptor-Prinzip** ablaufen. Es lassen sich jeweils Teilreaktionen formulieren, die jedoch immer gekoppelt ablaufen.

Merke: Protonen und Elektronen treten nicht frei auf!

	Säure-Base-Reaktion	**Redoxreaktion**
Übertragung	Protonen (H^+) („Protolyse")	Elektronen (e^-)
Donator	Säure $HA \longrightarrow H^+ + A^-$	Reduktionsmittel $Red\ 1 \longrightarrow Ox\ 1 + e^-$
Akzeptor	Base $B + H^+ \longrightarrow HB^+$	Oxidationsmittel $Ox\ 2 + e^- \longrightarrow Red\ 2$
Donatorstärke	pH / pK_S-Wert	Redoxpotenzial E / E^0
Gleichung	HENDERSON-HASSELBALCH (siehe S. 79) $pH = pK_S + \log \frac{[A^-]}{[HA]}$	NERNST (siehe S. 95) $E = E^0 + \frac{0{,}059\ V}{Z} \cdot \log \frac{[Ox]}{[Red]}$

Elektrochemie

Schon gewusst?

❶ Mithilfe von galvanischen Zellen lässt sich chemische Energie in elektrische Energie umwandeln.

❷ Zwischen zwei elektrisch leitend verbundenen Halbzellen eines galvanischen Elements ist eine Zellspannung messbar. Das Standardredoxpotenzial einer Halbzelle ergibt sich durch die Messung gegen die Standardwasserstoffelektrode.

❸ Das Redoxpotenzial lässt sich mithilfe der NERNST-Gleichung berechnen.

❹ Bei der Elektrolyse wird eine Verbindung durch elektrische Energie zerlegt.

❺ Verschiedene Spannungsquellen beruhen auf galvanischen Zellen.

❻ Metalle müssen bei technischen Anwendungen häufig vor Korrosion geschützt werden.

1 Galvanische Zellen

In einer galvanischen Zelle (= galvanisches Element) wird **chemische Energie in elektrische Energie umgewandelt** und dadurch technisch nutzbar gemacht.
Die Reduktion und Oxidation einer Redoxreaktion sind räumlich getrennt (in sog. Halbzellen). In jeder Halbzelle wird eine Elektrode in eine passende Elektrolytlösung getaucht.

An der Berührungsfläche zwischen Elektronenleiter (Elektrode) und Ionenleiter (Elektrolyt) entsteht eine **elektrochemische Doppelschicht** (siehe nächste Grafik). Im geladenen Zustand stehen sich an der Phasengrenze elektrisch entgegengesetzt geladene Schichten gegenüber.

Die beiden Halbzellen werden elektrisch leitend verbunden.

Elektrochemische Doppelschicht und Aufbau des **DANIELL-Elements** (Zink-Kupfer-Elements):

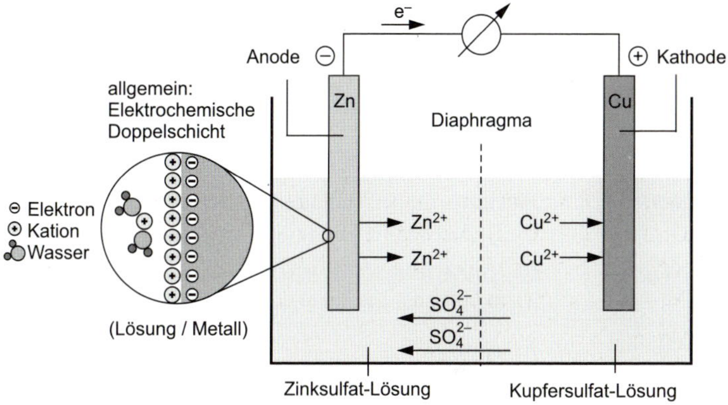

Elektrodenvorgänge im DANIELL-Element:

Anode (Ox.): $Zn \longrightarrow Zn^{2+} + 2\,e^-$

Kathode (Red.): $Cu^{2+} + 2\,e^- \longrightarrow Cu$

---

korrespondierend

Redox.: $Zn^{2+} + Cu \longrightarrow Zn + Cu^{2+}$

korrespondierend

Merke: An Oxidation Denken = Anode

Die Atome im Zn-Stab geben Elektronen ab und gehen als Zn^{2+}-Ionen in Lösung. Die freigesetzten Elektronen wandern durch die Kabel zur Oberfläche des Cu-Stabes, wo sie Cu^{2+}-Ionen aus der Lösung zu elementaren Cu-Atomen reduzieren.
Der Ladungsausgleich zwischen den Halbzellen erfolgt durch die Wanderung von Sulfat-Ionen durch das Diaphragma von der Cu/Cu^{2+}-Halbzelle in die Zn/Zn^{2+}-Halbzelle (alternativ über eine Salzbrücke).

Begriff	Definition
Galvanisches Element	Zwei elektrisch leitend verbundene Halbzellen, die auch ionenleitend verbunden sind (Salzbrücke oder Diaphragma)
Halbzelle	Elektrode in ihrer entsprechenden Ionenlösung (⇒ es entsteht ein Redoxpaar)
Elektrode	Elektronenleiter, der in eine Elektrolytlösung taucht
Anode	Elektrode, an der Teilchen oxidiert werden, d. h., an der Elektronen freigesetzt werden
Kathode	Elektrode, an der Teilchen reduziert werden, d. h., an der Elektronen aufgenommen werden
Elektrolyt	Ionenleiter

2 Zellspannung galvanischer Zellen

Die Metalle der Elektroden einer galvanischen Zelle unterscheiden sich in ihrem Bestreben, Elektronen abzugeben. Daher entsteht – bei der Verbindung der beiden Halbzellen durch einen elektrischen Leiter – eine elektrochemische **Potenzialdifferenz** (= elektrische Spannung). Diese ist von folgenden Faktoren abhängig:

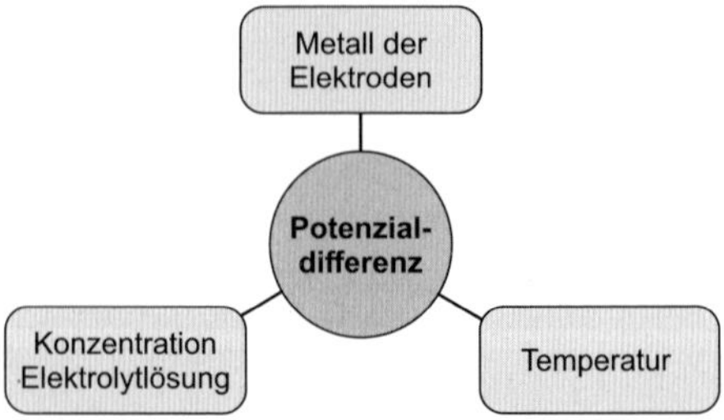

Hinweis: Je größer der Unterschied im Bestreben Elektronen abzugeben oder aufzunehmen ist, desto größer ist die entstehende Potenzialdifferenz.

Die Potenzialdifferenz ΔE einer galvanischen Zelle, die unter Standardbedingungen betrieben wird, kann mithilfe der **Standardredoxpotenziale E^0** (Einheit: V) aus der **elektrochemischen Spannungsreihe** bestimmt werden:

$\Delta E = E^0(\text{Kathode}) - E^0(\text{Anode})$ Es gilt: $\Delta E > 0$

Die **Standardbedingungen** sind folgendermaßen definiert:

$T = 298$ K, $p = 101{,}3$ kPa, $c(\text{Elektrolyt}) = 1 \text{ mol} \cdot \text{L}^{-1}$

Merke: Man kann das Potenzial einer einzelnen Elektrode nur in Relation zu einer anderen Elektrode (Bezugselektrode) messen.

Die elektrochemische Spannungsreihe der Metalle entsteht durch die Messung der Potenzialdifferenz (bei den festgelegten Reaktionsbedingungen) einer Halbzelle in Bezug zu der sog. **Standardwasserstoffelektrode** [Festlegung: $E^0(2\ H^+/H_2) = 0$ V].

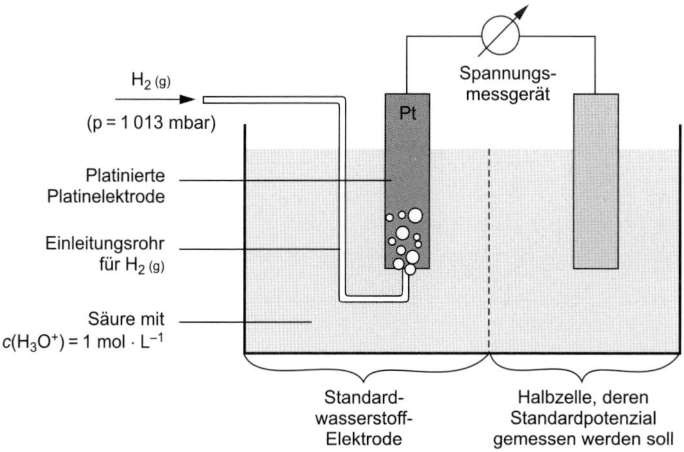

Halbzellen mit einem negativen Standardredoxpotenzial reagieren in Kombination mit der Standardwasserstoffelektrode als **Donatorhalbzelle (Oxidation)**. Dagegen fungieren Halbzellen mit einem positivem Standardredoxpotenzial gegenüber der Standardwasserstoffelektrode als **Akzeptorhalbzelle (Reduktion)**.

Oxidationsmittel		Reduktionsmittel	Standardpotenzial E^0	
$F_2 + 2\,e^-$	$\rightleftharpoons$	$2\,F^-$	+2,87 V	
$Au^{3+} + 3\,e^-$	$\rightleftharpoons$	Au	+1,50 V	
$O_2 + 4\,H^+ + 4\,e^-$	$\rightleftharpoons$	$2\,H_2O$	+1,23 V	↑ schwächeres Reduktionsmittel
$Ag^+ + e^-$	$\rightleftharpoons$	Ag	+0,80 V	
$Cu^{2+} + 2\,e^-$	$\rightleftharpoons$	Cu	+0,35 V	
$2\,H^+ + 2\,e^-$	$\rightleftharpoons$	**H_2**	**0 V**	
$Fe^{3+} + 3\,e^-$	$\rightleftharpoons$	Fe	−0,04 V	
$2\,H_2O + 2\,e^-$	$\rightleftharpoons$	$H_2 + 2\,OH^-$	−0,83 V	↓ stärkeres Oxidationsmittel
$Na^+ + e^-$	$\rightleftharpoons$	Na	−2,71 V	
$Ca^{2+} + 2\,e^-$	$\rightleftharpoons$	Ca	−2,87 V	
$Li^+ + e^-$	$\rightleftharpoons$	Li	−3,04 V	

Anwendung der Standardredoxpotenziale:

- Einschätzung der **Reaktivität** der Reduktions- bzw. Oxidationsmittel: Je größer das Standardredoxpotenzial ist, desto schwächer ist das Reduktionsmittel bzw. desto stärker ist das Oxidationsmittel.
- Entscheidung, ob eine Reaktion unter den gegebenen Bedingungen **freiwillig** abläuft. Wenn:

  $E(\text{Ox-mittel}) > E(\text{Red-mittel}) \Rightarrow \Delta E > 0$

  dann läuft die Reaktion freiwillig ab.
- Berechnung der **Spannung** U einer galvanischen Zelle im stromlosen Zustand (s. o.):

  $\Delta E = U = E^0(\text{Kathode}) - E^0(\text{Anode})$

  Kathode: Akzeptorhalbzelle; Anode: Donatorhalbzelle

Berechnen Sie die **Zellspannung des DANIELL-Elements**, wenn es unter Standardbedingungen im stromlosen Zustand betrieben wird.

Tipp: Unter Standardbedingungen (!) kann man davon ausgehen, dass die Kathode die Elektrode mit dem positiven Standardredoxpotenzial und die Anode die Elektrode mit dem negativen Standardredoxpotenzial ist (ohne vorher genau bestimmen zu müssen, wo die Oxidation und wo die Reduktion stattfindet).

Aus der elektrochemischen Spannungsreihe entnehmen wir folgende Werte für die beiden Redoxpaare:

Kupfer-Elektrode (Cu^{2+}/Cu): $E^0 = +0{,}34\ V \Rightarrow$ Kathode

Zink-Elektrode (Zn^{2+}/Zn): $E^0 = -0{,}76\ V \Rightarrow$ Anode

$$\Delta E = E^0(\text{Kathode}) - E^0(\text{Anode}) = (+0{,}34\ V) - (-0{,}76\ V) = \underline{\underline{1{,}1\ V}}$$

3 NERNST-Gleichung

An der Phasengrenze in jeder Halbzelle eines galvanischen Elements existiert ein **chemisches Gleichgewicht**, dessen Lage durch die Konzentration der vorliegenden Stoffe beeinflusst werden kann. In der Elektrochemie ist es deshalb wichtig zu beachten, dass das Redoxpotenzial von der **Konzentration der Elektrolytlösung** abhängig ist. Den Zusammenhang beschreibt die NERNST-Gleichung.

$$E = E^0 + \frac{0{,}059}{z} \cdot \lg \frac{c(\text{Oxidationsmittel})}{c(\text{Reduktionsmittel})}$$

E: Redoxpotenzial

E^0: Standardredoxpotenzial

z: Anzahl beteiligter Elektronen

c (Oxidationsmittel); c (Reduktionsmittel): Produkt der Konzentrationen aller gelösten Substanzen auf Seite des Oxidations- bzw. Reduktionsmittels

Tipp: Analog zum MWG werden stöchiometrische Koeffizienten zu Exponenten. Nicht gelöste Stoffe erhalten den Wert 1 in der Gleichung.

Berechnen Sie das **Redoxpotenzial** einer Zn/Zn^{2+}-Halbzelle, wenn $c(Zn^{2+})$ in dem Element $0{,}05\ mol \cdot L^{-1}$ beträgt.

Reaktionsgleichung: $Zn \longrightarrow Zn^{2+} + 2\,e^-$

Einsetzen in die NERNST-Gleichung:

$$E(Zn/Zn^{2+}) = E^0(Zn/Zn^{2+}) - \frac{0{,}059\ V}{2} \cdot \lg \frac{c(Zn^{2+})}{c(Zn)}$$

$$= -0{,}76\ V + \frac{0{,}059\ V}{2} \cdot \lg \frac{0{,}05}{1}$$

$$= \underline{\underline{-0{,}80\ V}}$$

4 Elektrolyse

Eine Elektrolysezelle ist grundlegend wie eine galvanische Zelle aufgebaut. In Elektrolysezellen können die zwei Elektroden aber auch in nur eine Elektrolytlösung (ohne räumliche Trennung) getaucht sein.
Bei einer Elektrolyse werden die Redoxreaktionen durch **Anlegen einer Spannung** erzwungen. Die Reaktionen laufen demnach nicht mehr freiwillig und im Vergleich zu einem galvanischen Element umgekehrt ab.

Merke: Die Elektrode, die mit dem Minuspol verbunden ist, stellt die Kathode dar. Dort läuft nämlich die Reduktion ab. Das ist also genau anders herum als bei einem galvanischen Element.

Bei der Elektrolyse findet eine **Energieumwandlung** statt:

elektrische Energie (angelegte Spannung) → chemische Energie (Redoxreaktionen)

Misst man die Stromstärke I während einer Elektrolyse in Abhängigkeit von der angelegten Spannung U, ergibt sich folgendes Bild:

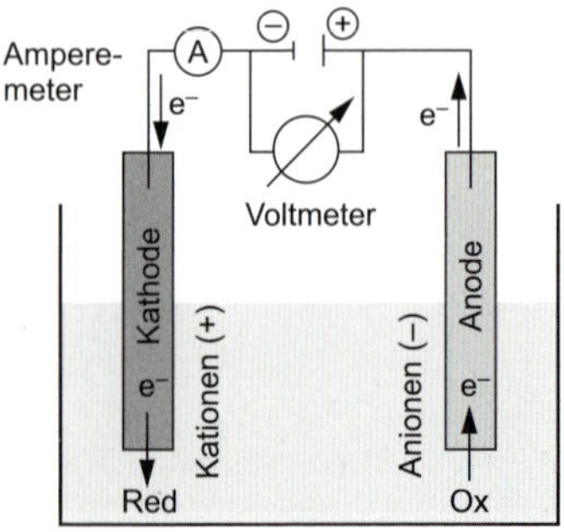

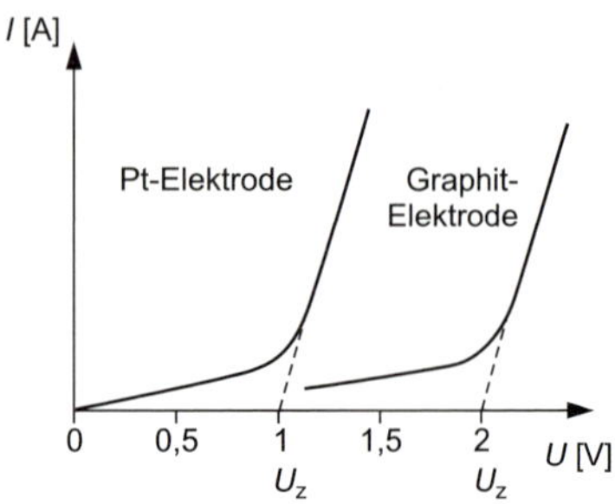

Die Redoxreaktion setzt erst nach Überschreiten einer **Zersetzungsspannung U_Z** ein. Die Zersetzungsspannung ergibt sich aus der Differenz der Abscheidungspotenziale E_{Ab}.

Zersetzungsspannung:

$U_Z = E_{Ab}(\text{Anode}) - E_{Ab}(\text{Kathode})$

Bei der Elektrolyse wird der Elektrolyt stets so zersetzt, dass die Elektrolyse die **kleinste Zersetzungsspannung** U_Z aufweist.

Je nach Elektrodenmaterial können die Abscheidungspotenziale der einzelnen Stoffe variieren, da in einigen Fällen bei Bildung von Gasen sogenannte **Überpotenziale** $E_Ü$ auftreten.

Es gilt: $E_{Ab} = E + E_Ü$

Ermitteln Sie, welche Produkte am Minuspol bei der **Elektrolyse** einer **wässrigen Kochsalzlösung** mit dem pH-Wert von 7 an Graphitelektroden entstehen, unter der Annahme, dass ansonsten Standardbedingungen herrschen. Dabei sind folgende Werte gegeben:

Redoxsystem	Potenzial
Na/Na^+	$E^0 = -2{,}71$ V
H_2/H_3O^+ bei pH=7	$E^0 = -0{,}41$ V
OH^-/O_2 bei pH=7	$E^0 = +0{,}82$ V
Cl^-/Cl_2	$E^0 = +1{,}36$ V

Gas	Überpotenzial $E_Ü$
Wasserstoff	$-0{,}97$ V
Sauerstoff	$+1{,}09$ V
Chlor	$+0{,}25$ V

Mögliche Reaktionen am Minuspol (an der Kathode) der Elektrolyse:

Variante 1: $H_3O^+ + 2\,e^- \longrightarrow H_2 + 2\,H_2O$

$$E_{Ab}(H_3O^+ / H_2) = E(H_3O^+ / H_2) + E_Ü$$
$$= -0{,}410 \text{ V} - 0{,}97 \text{ V} = -1{,}38 \text{ V}$$

Variante 2: $Na^+ + e^- \longrightarrow Na$

$$E_{Ab}(Na / Na^+) = E^0(Na / Na^+) + E_Ü$$
$$= -2{,}71 \text{ V} + 0 \text{ V} = -2{,}71 \text{ V}$$

Am Minuspol wird das Teilchen mit dem größeren (positiveren) Abscheidungspotenzial gebildet. In diesem Fall bildet sich **Wasserstoff**.

Tipp: An der Anode (Pluspol) wird bei einer Elektrolyse das Teilchen mit dem kleineren Abscheidungspotenzial gebildet.

Neben der qualitativen Betrachtung der Elektrolyse („Welche Produkte entstehen?“), können die ablaufenden Reaktionen auch quantitativ betrachtet werden („Wie viel Stoff scheidet sich ab?“). Die Grundlage dafür bieten die beiden **FARADAY-Gesetze**.

Hinweis: Die Gesetze gelten auch für den Stoffumsatz in galvanischen Zellen, wie den elektrochemischen Spannungsquellen (siehe S. 99).

I. FARADAY-Gesetz: Die Stoffmenge *n* des an einer Elektrode abgeschiedenen Stoffes ist proportional der durch die Elektrolysezelle geleiteten Ladungsmenge *Q*:

$$n \sim Q \Rightarrow n \sim I \cdot T$$

Der Proportionalitätsfaktor ist die FARADAY-Konstante *F* (entspricht der Ladung, die zur Abscheidung eines Mols eines einwertigen Stoffes benötigt wird).

II. FARADAY-Gesetz: Die durch eine gegebene (und konstante) Ladungsmenge *Q* abgeschiedene Masse m eines Stoffes ist proportional zur Atommasse M und umgekehrt proportional zur Ladungszahl *z*:

$$m \sim \frac{M}{z}$$

Aus beiden Gesetzen ergibt sich folgender **Zusammenhang:**

$$Q = I \cdot T = n \cdot z \cdot F \Leftrightarrow n = \frac{m}{M} = \frac{I \cdot T}{z \cdot F}$$

Q:	Ladung in A · s	*I*:	Stromstärke in A
t:	Zeit in s	*n*:	Stoffmenge in mol
m:	Masse in g	*M*:	molare Masse in $g \cdot mol^{-1}$
z:	Ladungszahl	*F*:	Faraday-Konstante (96485 $A \cdot s \cdot mol^{-1}$)

Berechnen Sie das **Volumen an Chlorgas**, das bei einer Elektrolyse einer Natriumchlorid-Lösung gebildet wird, die für drei Stunden bei einer Stromstärke von $I = 2$ A unter Standardbedingungen abläuft.

$$2\,Cl^- \longrightarrow Cl_2 + 2\,e^- \quad \Rightarrow z = 2$$

$$n(Cl_2) = \frac{2\,A \cdot 10800\,s}{2 \cdot 96485\,A \cdot s \cdot mol^{-1}} \approx 0{,}112\,mol$$

$$V(Cl_2) = n(Cl_2) \cdot V_{m,n} = 0{,}112\,mol \cdot 24{,}4\,L \cdot mol^{-1} = \underline{\underline{2{,}73\,L}}$$

Es entstehen 2,73 L Chlorgas.

5 Elektrochemische Energiequellen in Alltag und Technik

Im Alltag begegnet man galvanischen Elementen häufig in Form von mobilen **Spannungsquellen**. Dafür sind meist mehrere galvanische Elemente in Reihe geschaltet. Die Spannung ergibt sich demnach aus der Summe der einzelnen Potenzialdifferenzen.
Dabei unterscheidet man:

Primärelemente	**Sekundärelemente**	**Brennstoffzellen**
Galvanische Elemente, die nicht wiederaufladbar sind (nur ein Mal nutzbar) Ursache: Elektrochemische Vorgänge sind irreversibel	Galvanische Elemente, die sich durch Zufuhr elektrischer Energie mehrfach wieder aufladen lassen	Galvanische Elemente, deren Edukte kontinuierlich nachgefüllt werden können
„Batterien“	„Akkus“	„Brennstoffzellen“
z. B. Zink-Kohle-Batterie, Lithium-Mangan-Batterie	z. B. Blei-Akkumulator, Lithium-Ionen-Akkumulator	z. B. Wasserstoff-Sauerstoff-Brennstoffzellen
$Li + MnO_2 \longrightarrow LiMnO_2$	$Pb + PbO_2 + 2\,H_2SO_4 \longrightarrow 2\,PbSO_4 + 2\,H_2O$	$2\,H_2 + O_2 \longrightarrow 2\,H_2O$

6 Korrosion und Korrosionsschutz bei Metallen

Die Zersetzung von Metallen durch oxidative Reaktionen wird **Korrosion** genannt. Das bekannteste Beispiel hierfür ist das Rosten von Eisen. Man unterscheidet dabei:

Sauerstoffkorrosion	**Säurekorrosion**
In neutralen bzw. leicht alkalischen Umgebungen reagieren Metalle (z. B. Eisen) mit Sauerstoff gemäß folgender Reaktion:	In sauren Umgebungen reagieren Metalle (z. B. Eisen) mit Oxonium-Ionen gemäß folgender Reaktion:
Reduktion.: $O_2 + 2\,H_2O + 4\,e^- \rightleftharpoons 4\,OH^-$	Reduktion.: $2\,H_3O^+ + 2\,e^- \rightleftharpoons H_2 + 2\,H_2O$
Oxidation.: $Me \rightleftharpoons Me^{n+} + n\,e^-$	Oxidation.: $Me \rightleftharpoons Me^{n+} + n\,e^-$

Eine besondere Form der Korrosion tritt bei der Ausbildung von **Lokalelementen** (= Kontaktelementen) auf. Dabei sind unterschiedliche Metalle und ein Elektrolyt elektronisch leitend verbunden und bilden ein galvanisches Element. Das unedlere Metall (mit dem kleineren Redoxpotential) korrodiert dabei zuerst und gibt die Elektronen an das edlere Metall weiter. Da durch Korrosionsvorgänge beträchtliche Schäden entstehen, wurden technische Verfahren zum Korrosionsschutz entwickelt.

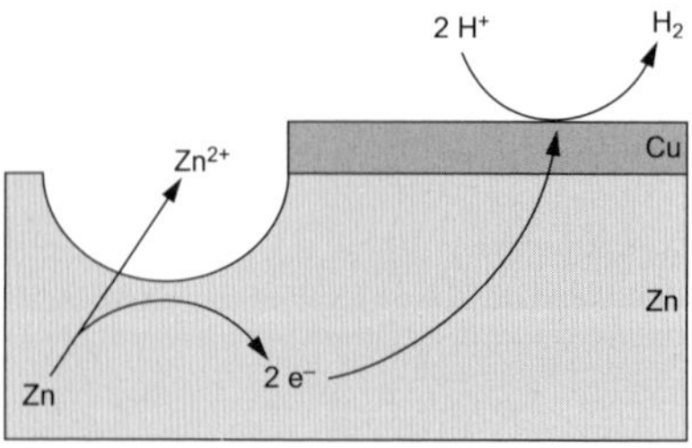

6.1 Passiver Korrosionsschutz

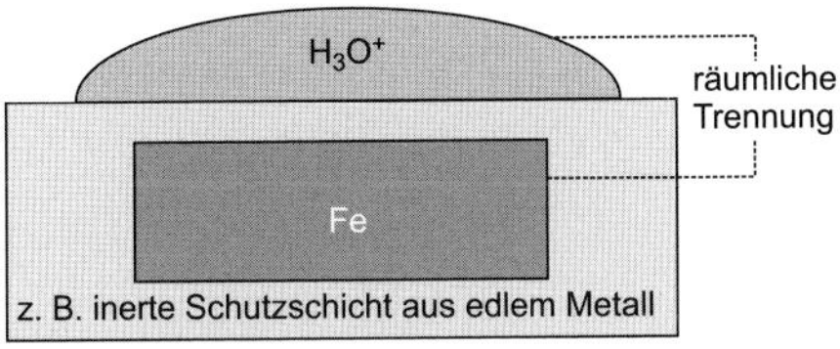

Eine physische Schutzschicht auf der Oberfläche des Metalls verhindert den Kontakt mit der Luft und Feuchtigkeit. So werden die Oxidationsmittel Sauerstoff oder Oxonium-Ionen ferngehalten.

Wichtige Verfahren:

- Lackieren (z. B. Autos)
- Emaille-Überzüge (z. B. Badewannen)
- Galvanisieren, d. h. Überziehen des Werkstücks mit einem edleren Metall (z. B. Vergolden) durch elektrochemische Abscheidung

6.2 Aktiver Korrosionsschutz

Das metallische Werkstück wird mit einer sogenannten „Opferanode" aus einem unedlen Metall (z. B. Magnesium) verbunden. Dadurch werden zunächst die Magnesium-Atome oxidiert und das metallische Werkstück bleibt unbeschädigt. Ist das unedle Metall vollständig verbraucht, muss es ersetzt werden.

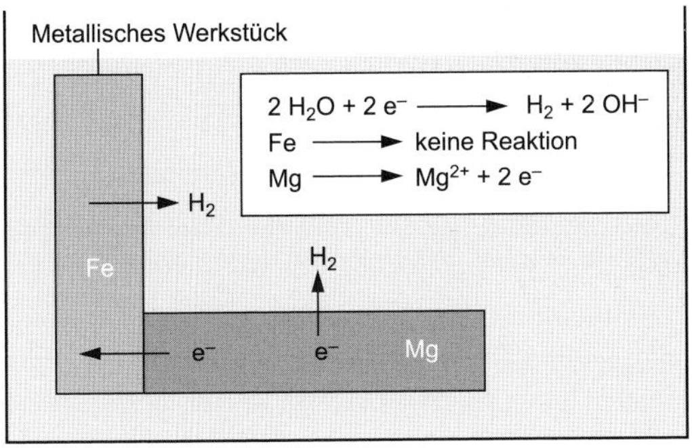

Chemische Thermodynamik

Schon gewusst?

❶ Die in jedem System gespeicherte innere Energie ist in einem abgeschlossenen System konstant (I. Hauptsatz der Thermodynamik).

❷ Bei konstantem Druck entspricht die Änderung der Enthalpie eines Systems dem Wärmeumsatz.

❸ In einem abgeschlossenen System laufen nur die Reaktionen freiwillig ab, bei denen die Unordnung (Entropie) konstant bleibt oder zunimmt.

❹ Die Enthalpie und die Entropie sind zwei wichtige Triebkräfte, die die Richtung einer chemischen Reaktion beeinflussen. Ihr Zusammenspiel gibt die GIBBS-HELMHOLTZ-Gleichung wieder.

1 Die innere Energie

Die chemische Thermodynamik ist die Lehre von der während einer chemischen Reaktion stattfindenden Umwandlung und Übertragung von **Energie**.

Jeder Stoff besitzt eine ihm eigene **innere Energie *U***, die im System gespeichert ist. Diese umfasst:

- Kernenergie
- Chemische Energie
- Thermische Energie

Neben der Umverteilung und Neugruppierung der Atome (stoffliche Veränderung) kommt es bei chemischen Reaktionen aufgrund der neu gebildeten Bindungen auch zu einer Veränderung des Energiegehalts.

Nach dem **Energieerhaltungssatz** kann Energie jedoch weder geschaffen noch zerstört werden. Es findet lediglich eine Umwandlung in eine andere Energieform statt. Die in chemischen Bindungen gespeicherte Energie kann in folgende Energieformen umgewandelt werden:

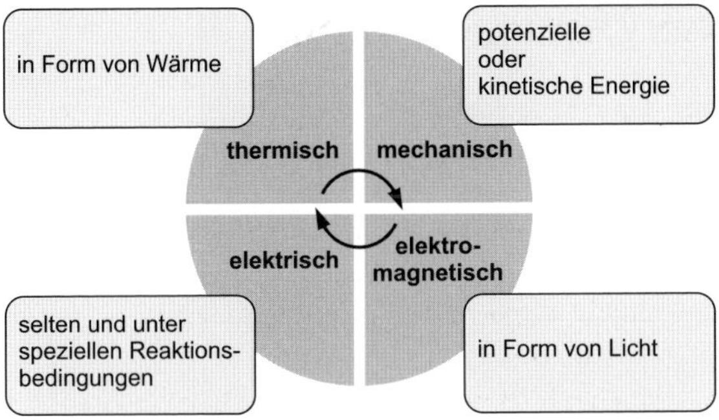

Bei **Redoxreaktionen** wird die chemische Energie in elektrische und thermische Energie umgewandelt, bei **Verbrennungsreaktionen** dagegen in thermische und elektromagnetische Energie.

Der im System gespeicherte Energiegehalt ***U*** ändert sich während einer chemischen Reaktion, denn der Stoff steht meist im Austausch mit der Umgebung. Das heißt, das System ist offen oder geschlossen, nicht aber abgeschlossen.

Hinweis: Der Begriff **thermodynamisches System** kennzeichnet einen von der Umgebung abgegrenzten Raum. Bei einem **offenen** System kann sowohl ein Stoff- als auch ein Energieaustausch (z. B. in Form von Wärme) stattfinden. Ein **geschlossenes** System erlaubt keinen Stoffaustausch und ein **abgeschlossenes** System weder Stoff- noch Energieaustausch.

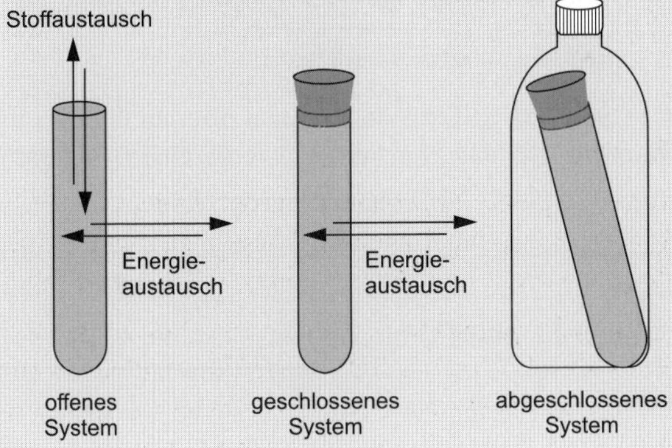

Die **innere Energie** U ist eine Zustandsgröße, d. h., bei gegebenen äußeren Bedingungen ist der Wert immer gleich. Daraus leitet sich der **I. Hauptsatz der Thermodynamik** ab (dieser stellt eine spezielle Form des Energieerhaltungssatzes dar):

„In einem abgeschlossenen System ist die innere Energie konstant."

In der Thermodynamik wird die Änderung einer Zustandsgröße betrachtet:

$$\Delta U = U(\text{Produkte}) - U(\text{Edukte})$$

Merke: Steht ein Δ in einer Gleichung, ist immer die Differenz „Produkte – Edukte" gemeint.

Wird diese Änderung aufgrund einer chemischen Reaktion herbeigeführt, erfolgt das durch die Übertragung von Wärme und/oder durch Leisten von Arbeit (z. B. wenn Luftteilchen verdrängt werden):

$$\Delta U = Q + W$$

Q = Wärme

W = (Volumen-)Arbeit

Knallgasreaktion:
Bei der Reaktion von Sauerstoff und Wasserstoff wird die entstehende thermische Energie an die Umgebung abgegeben. Darüber hinaus kommt es zu einer **explosionsartigen Ausdehnung** des Reaktionsgemisches. Durch die Expansion des Gases wird an den unbeteiligten Luftteilchen der Umgebung **Volumenarbeit** verrichtet.

Da die meisten chemischen Reaktionen in einem **offenen** oder höchstens **geschlossenen** System ablaufen, ändert sich die innere Energie U über die Zufuhr oder Abgabe von Wärme Q.

Folgende Konvention wurde festgelegt:

$\Delta U < 0 \Rightarrow$ Energie wird an die Umgebung abgegeben

$\Delta U > 0 \Rightarrow$ Energie wird aus der Umgebung aufgenommen

2 Die Enthalpie

Die über die Systemgrenze hinweg transportierte Wärme bezeichnet man auch als **Reaktionswärme**. Für eine chemische Reaktion wurde die Zustandsgröße **Enthalpie *H*** (Einheit: Joule, J) eingeführt:

$\Delta H = \Delta U + p \cdot \Delta V$ Es gilt: p = konstant

> **Hinweis:** Die Änderung der Enthalpie *H* entspricht der Reaktionswärme bei konstantem Druck (isobare Reaktionsbedingungen).

Wird bei einer chemischen Reaktion Wärme freigesetzt, ist die sog. **Reaktionsenthalpie** $\Delta_R H < 0$ (exotherme Reaktion). Muss dagegen aus der Umgebung Wärme aufgenommen werden, spricht man von einer endothermen Reaktion ($\Delta_R H > 0$).

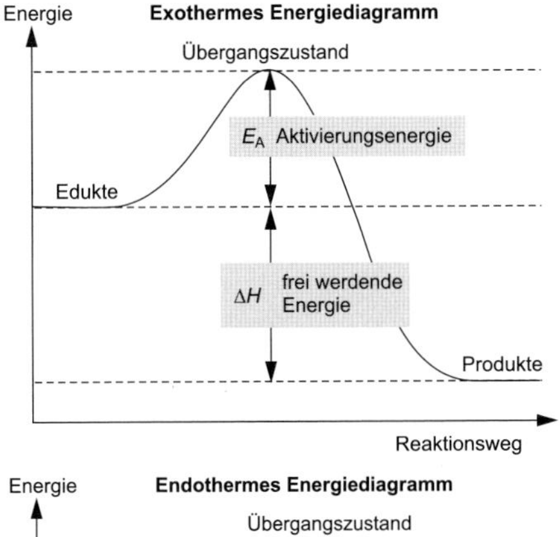

Im **Energiediagramm** zeigt sich, dass bei einer **exothermen** Reaktion die Produkte ein niedrigeres Energielevel aufweisen als die Edukte. Energetisch betrachtet reagieren die Edukte nach Zuführung der Aktivierungsenergie freiwillig und spontan zu den Produkten weiter.

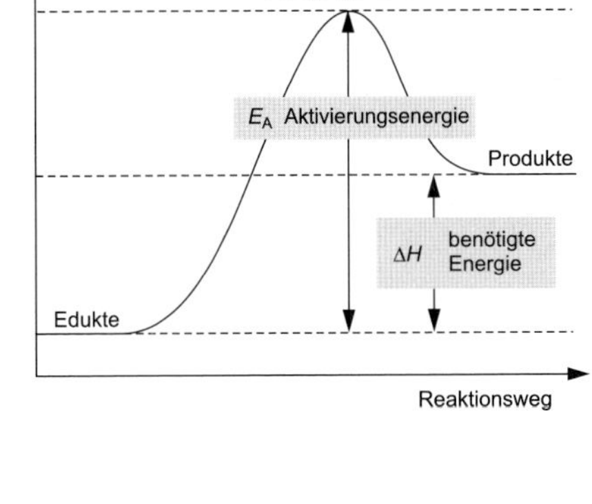

Bei einer **endothermen** Reaktion dagegen haben die Reaktionsprodukte ein höheres Energielevel als die Edukte. Energetisch gesehen verläuft die Reaktion nur unter Energiezufuhr, also nicht spontan oder freiwillig. Die Aktivierungsenergie ist größer als ΔH.

Die Reaktionsenthalpie ist zum einen von den herrschenden Reaktionsbedingungen (Druck, Temperatur) abhängig. Bezieht man sich auf die üblichen Standardbedingungen ($p = 101{,}3$ kPa und $T = 25$ °C), ergibt sich die **Standardreaktionsenthalpie $\Delta_R H^0$**.
Darüber hinaus stellt die Reaktionsenthalpie **$\Delta_R H$** (wie auch die innere Energie ΔU) eine extensive Zustandsgröße dar, d. h., sie ist von der Masse/dem Volumen und der Stoffmenge n der reagierenden Teilchen (also der Größe des betrachteten Systems) abhängig.

Hinweis: Enthalpieänderungen beziehen sich immer auf den Formelumsatz in der zugrunde liegenden Reaktionsgleichung. Die Reaktionsenthalpie (unter Standardbedingungen) der Bildung eines Mols einer chemischen Verbindung aus ihren Elementen heißt **Standardbildungsenthalpie $\Delta_B H^0$**. Für Elemente in ihrer stabilsten Form ist diese null.

Knallgasreaktion:

$$2\,H_2 + O_2 \longrightarrow 2\,H_2O \qquad \Delta_R H^0 = -572\ \text{kJ} \cdot \text{mol}^{-1}$$

$$H_2 + 0{,}5\,O_2 \longrightarrow H_2O \qquad \Delta_B H^0 (H_2O_{(l)}) = \Delta_R H^0 = -286\ \text{kJ} \cdot \text{mol}^{-1}$$

$\cdot 0{,}5$

Es gibt zwei Möglichkeiten, die Reaktionsenthalpie zu bestimmen:

A) Experimentell über die Kalorimetrie

Die Kalorimetrie ist die **quantitative Messung** der Wärmeänderung während einer chemischen Reaktion. Kalorimeter sind isolierte Gefäße (isobare Bedingungen), sodass möglichst keine Wärme an die Umgebung abgegeben werden kann.

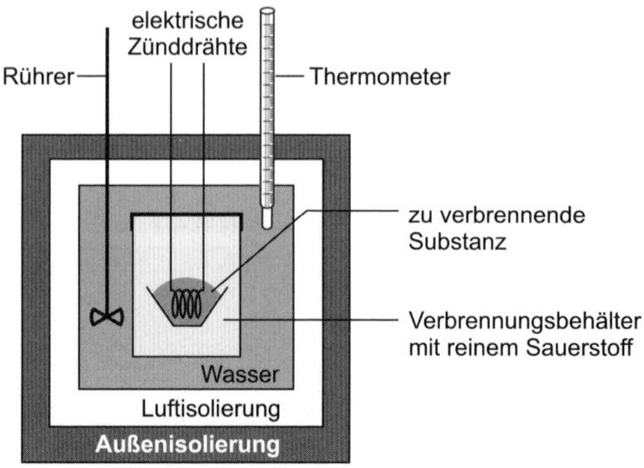

Vor der Messung muss erst die Wärmekapazität des leeren Kalorimeters bestimmt werden. Während der Messung mit der Probe wird die Reaktionswärme der Verbrennung auf das Kalorimetergefäß und das Wasserbad übertragen:

$$Q = Q_{\text{Wasser}} + Q_{\text{Kalorimeter}}$$

Gemessen wird die Temperaturänderung ΔT, die proportional zur zugeführten oder abgegebenen Wärme ist:

$$Q = m \cdot c \cdot \Delta T$$

c: Wärmekapazität $\Rightarrow$ Proportionalitätsfaktor

$$\Delta_R H = -Q \qquad \text{(bei isobaren Bedingungen)}$$

B) Berechnung über die Standardbildungsenthalpien $\Delta_B H^0$
Viele Reaktionen sind nicht im Kalorimeter durchführbar. Die Reaktionsenthalpie kann auch wie folgt berechnet werden:

$$\Delta_R H^0 = \sum n \cdot \Delta_B H^0\text{(Produkte)} - \sum n \cdot \Delta_B H^0\text{(Edukte)}$$

Vollständige Verbrennung von Methan:

Reaktionsgleichung:

$$CH_{4\,(g)} + 2\,O_{2\,(g)} \longrightarrow CO_{2\,(g)} + 2\,H_2O_{\,(l)}$$

gegeben:
$$\Delta_B H^0(CH_{4\,(g)}) = -75\ \text{kJ} \cdot \text{mol}^{-1}$$
$$\Delta_B H^0(O_{2\,(g)}) = -0\ \text{kJ} \cdot \text{mol}^{-1}$$
$$\Delta_B H^0(CO_{2\,(g)}) = -394\ \text{kJ} \cdot \text{mol}^{-1}$$
$$\Delta_B H^0(H_2O_{\,(l)}) = -286\ \text{kJ} \cdot \text{mol}^{-1}$$

gesucht: $\Delta_R H^0$

Lösung:

$$\begin{aligned}\Delta_R H^0 &= \left[1\,\text{mol} \cdot \Delta_B H^0(CO_2) + 2\,\text{mol} \cdot \Delta_B H^0(H_2O)\right] - \\ &\quad \left[1\,\text{mol} \cdot \Delta_B H^0(CH_4) + 2\,\text{mol} \cdot \Delta_B H^0(O_2)\right] \\ &= \left[1\,\text{mol} \cdot (-394\ \text{kJ} \cdot \text{mol}^{-1}) + 2\,\text{mol} \cdot (-286\ \text{kJ} \cdot \text{mol}^{-1})\right] - \\ &\quad \left[1\,\text{mol} \cdot (-75\ \text{kJ} \cdot \text{mol}^{-1}) + 2\,\text{mol} \cdot (0\ \text{kJ} \cdot \text{mol}^{-1})\right] \\ &= \underline{\underline{-891\ \text{kJ}}}\end{aligned}$$

Die Reaktionsenthalpie ist eine Zustandsgröße, sie hängt also nur von dem **Anfangs-** und **Endzustand** ab. Der Reaktionsweg ist dabei nicht entscheidend.

Satz von HESS: Die Änderung der Reaktionsenthalpie ist – nach dem Prinzip des Energieerhaltungssatzes – nur vom Ausgangs- und Endzustand eines Systems abhängig.

Die Gesamt-Enthalpieänderung entspricht der Summe der Reaktionsenthalpien aller Teilschritte, in die die Reaktion **theoretisch** zerlegt werden kann (diese müssen also nicht unbedingt real existieren!). Dadurch kann man die Tabellenwerte sowie einfach zu ermittelnde **Verbrennungsenthalpien** für die Berechnung benutzen.

Knallgasreaktion:

Reaktionsweg I: $2\,H_{2\,(g)} + O_{2\,(g)} \longrightarrow 2\,H_2O_{(g)}$

Reaktionsweg II: a) $2\,H_{2\,(g)} + O_{2\,(g)} \longrightarrow 2\,H_2O_{(l)}$

b) $2\,H_2O_{(l)} \longrightarrow 2\,H_2O_{(g)}$

$\Rightarrow$ Verdampfungsenthalpie

Merke: Die Aggregatzustände der reagierenden Verbindungen sind entscheidend.

Der **Satz von HESS** besagt, dass die Summe der beiden Enthalpien des mehrstufigen Wegs II der Reaktionsenthalpie des Wegs I entspricht:

$$\Delta_R H^0\,(\text{Weg I}) = \Delta_R H^0\,(\text{Weg II}) = \Delta_R H^0\,(\text{II a}) + \Delta_R H^0\,(\text{II b})$$

$$\Delta_B H^0(H_2O_{(g)}) = -242\ \text{kJ} \cdot \text{mol}^{-1}$$

$$\Delta_B H^0(H_2O_{(l)}) = -286\ \text{kJ} \cdot \text{mol}^{-1}$$

$$\Delta_{verd} H^0(H_2O) = 44\ \text{kJ} \cdot \text{mol}^{-1}$$

Entsteht bei der Knallgasreaktion gasförmiges Wasser anstatt flüssiges, so unterscheiden sich die Reaktionsenthalpien um 44 kJ pro Mol. Das entspricht der Verdampfungsenthalpie des Wassers. Diese Energie wird dementsprechend nicht an die Umgebung abgegeben.

$$\Delta_R H^0(\text{Weg I}) = -484\ \text{kJ} \cdot \text{mol}^{-1}$$

$$\Delta_R H^0(\text{Weg II a}) = -572\ \text{kJ} \cdot \text{mol}^{-1}$$

Die **Lösungsenthalpie** $\Delta_L H^0$ [kJ · mol^{-1}] beschreibt die Energie, die beim Auflösen eines Salzes in Wasser frei wird oder nötig ist.

Hinweis: Zuerst muss die **Gitterenergie** $\Delta_G U$ aufgewendet werden, um die Ionen aus dem Kristallverband in die Gasphase zu überführen: $\Delta_G U > 0$
Dann wird die **Hydratationsenthalpie** $\Delta_{Hyd} H$ frei, da die gasförmigen Kationen und Anionen nun von Wassermolekülen koordiniert werden. Dies ist energetisch günstiger $\Rightarrow$ $\Delta_{Hyd} H < 0$

Die Berechnung erfolgt also über:

$\Delta_L H^0 = \Delta_G U$ (Salz) $+ \Delta_{Hyd} H$ (Kation) $+ \Delta_{Hyd} H$ (Anion)

Man unterscheidet je nach Salz zwei Fälle:

$\Delta_L H^0 < 0 \Rightarrow$ Hydratation setzt mehr Energie frei, als zum Aufbrechen des Gitters nötig $\Rightarrow$ Exothermer Lösungsvorgang, Lösung erwärmt sich
$\Delta_L H^0 > 0 \Rightarrow$ Endothermer Lösungsvorgang, Lösung kühlt sich ab

Zusammenfassung

Enthalpieart	Erklärung
Standardbildungsenthalpie $\Delta_B H^0$ [kJ · mol^{-1}]	Energie, die bei der Bildung von einem Mol eines Stoffes aus den Elementen frei wird oder zugeführt werden muss
	Nachzulesen im Tafelwerk. $\Delta_B H^0$ von Elementen in der stabilsten Form beträgt 0 kJ · mol^{-1}
Standardverbrennungsenthalpie $\Delta_V H^0$ [kJ · mol^{-1}]	Energie, die bei der Verbrennung von einem Mol eines brennbaren Stoffes frei wird (< 0)
	Bestimmung im Kalorimeter, Betrag entspricht dem Heizwert (Maß für die Wärmemenge, die bei der Verbrennung sowie Abkühlung auf die Ausgangstemperatur frei wird – ohne Kondensationswärme des Verbrennungswassers)
Standard reaktionsenthalpie $\Delta_R H^0$ [kJ · mol^{-1}]	Differenz aus den Summen der Standardbildungsenthalpien der Produkte und der Standardbildungsenthalpien der Edukte
	$\Delta_R H^0 = \sum n \cdot \Delta_B H^0 (\text{Produkte}) - \sum n \cdot \Delta_B H^0 (\text{Edukte})$ $\Delta_R H^0 < 0 \Rightarrow$ exotherm; $\Delta_R H^0 > 0 \Rightarrow$ endotherm

3 Die Entropie

Viele chemische Prozesse, die wir aus dem alltäglichen Leben kennen, verlaufen – nachdem sie in Gang gesetzt wurden – von allein weiter. Man spricht von **spontan** verlaufenden Reaktionen.

Hinweis: Eine chemische Reaktion wird dann als spontan bezeichnet, wenn sie – nachdem sie ausgelöst wurde – von selbst (freiwillig) weiter verläuft. Dabei kann die Reaktionsgeschwindigkeit von spontan verlaufenden Reaktionen sehr unterschiedlich sein.

Jedes System strebt danach, einen **energieärmeren Zustand** zu erreichen (auch wenn das nicht immer gelingt). Das heißt aber nicht, dass endotherm verlaufende Prozesse (bei denen dem System Energie aus der Umgebung zugeführt werden muss) nie spontan ablaufen.

Sofort-Kältekompressen enthalten das Salz NH_4NO_3:
Beim Lösen von Ammoniumnitrat ist eine Abkühlung zu beobachten. Der Vorgang ist also endotherm, läuft aber trotzdem spontan ab.

Die Freiwilligkeit einer chemischen Reaktion hängt nicht allein von dem Energiegehalt ab. Daneben spielt auch die **Unordnung des Systems** eine Rolle. Als Maß dafür steht die Zustandsgröße **Entropie** S (Einheit: Joule je Kelvin, $J \cdot K^{-1}$).

Tipp: Die **Entropie** S eines Systems ist umso höher, je mehr Variationsmöglichkeiten es für die Zustände bzw. Anordnungen der Atome in diesem System gibt. Am absoluten Nullpunkt ist die Entropie 0, sie steigt mit der Temperatur.

Der **II. Hauptsatz der Thermodynamik** gibt Auskunft über die Wahrscheinlichkeit, in welche Richtung eine Reaktion abläuft:

Definition: „In einem **abgeschlossenen** System laufen (spontane) Reaktionen in der Richtung ab, in der die Unordnung des Systems zunimmt. Es ist unmöglich, ein Perpetuum mobile zu bauen.“

$\Delta S = 0 \Rightarrow$ **reversible** Reaktionen
(unter idealisierten Bedingungen umkehrbar)
$\Delta S > 0 \Rightarrow$ **irreversible** Reaktionen
(nicht umkehrbar, auch wenn das energetisch möglich ist)

Bei spontan verlaufenden Reaktionen vergrößert sich die Entropie oder bleibt gleich. Im abgeschlossenen System laufen nur solche Prozesse auch freiwillig ab.

Beachte: In offenen oder geschlossenen Systemen kann die Entropieänderung auch negativ sein. Denn die wenigsten chemischen Reaktionen laufen in einem abgeschlossenen System ab.

4 Die freie Enthalpie (GIBBS-Energie)

Die Freiwilligkeit einer Reaktion wird also durch die Enthalpie und Entropie bestimmt. Jedes System strebt nach einem Zustand geringer Energie ($\Delta H < 0$) und möglichst großer Unordnung ($\Delta S > 0$). Diese Triebkräfte können, müssen aber nicht gegenläufig wirken.

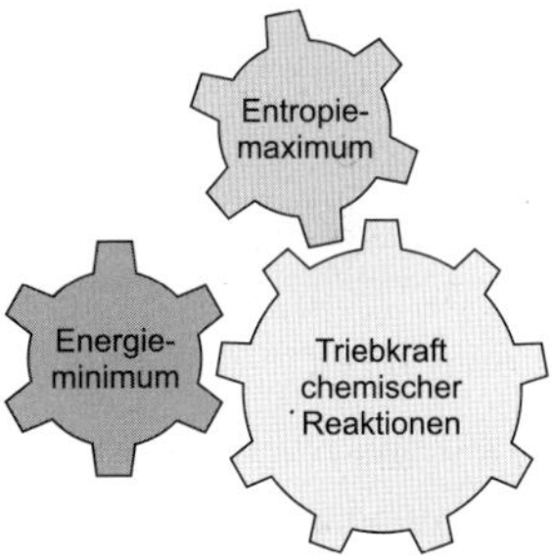

Diese beiden Faktoren werden in der **GIBBS-HELMHOLTZ-Gleichung** zusammengefasst:

$$\Delta G = \Delta H - T \cdot \Delta S$$

ΔG: Gibbs-Energie / freie Reaktionsenergie [kJ]
ΔH: Enthalpieänderung [kJ]
T: Temperatur [K]
ΔS: Entropieänderung [$kJ \cdot K^{-1}$]

Mithilfe dieser Gleichung kann man entscheiden, ob eine chemische Reaktion spontan freiwillig (**exergonisch**) oder nicht spontan erzwungen (**endergonisch**) abläuft:

Fall	ΔH	ΔS	T	ΔG	Interpretation
A	< 0	> 0	unabhängig	< 0	exergonisch
B	> 0	< 0	unabhängig	> 0	endergonisch

Fall	ΔH	ΔS	T	ΔG	Interpretation
C	< 0	< 0	hoch niedrig	> 0 < 0	endergonisch exergonisch
D	> 0	> 0	hoch niedrig	> 0 < 0	endergonisch exergonisch
E				$= 0$	System im Gleichgewicht

Berechnen Sie die freie Enthalpie für die **Zerlegung von Wasser** in seine Elemente (unter Standardbedingungen).

Reaktionsgleichung:

$$2\,H_2O_{(l)} \longrightarrow 2\,H_{2\,(g)} + O_{2\,(g)}$$

gegeben:

$$\Delta_B H^0_m(H_2O) = -286\ \text{kJ} \cdot \text{mol}^{-1}$$
$$\Delta S^0(H_2O) = 70\ \text{J} \cdot \text{K}^{-1} \cdot \text{mol}^{-1}$$
$$\Delta S^0(H_2) = 131\ \text{J} \cdot \text{K}^{-1} \cdot \text{mol}^{-1}$$
$$\Delta S^0(O_2) = 205\ \text{J} \cdot \text{K}^{-1} \cdot \text{mol}^{-1}$$
$$T = 298\ \text{K}$$

gesucht: $\Delta_R G^0$

Lösung:

$$\begin{aligned}
\Delta_R H^0 &= [2 \cdot \Delta_B H^0(H_2) + \Delta_B H^0(O_2)] - [2 \cdot \Delta_B H^0(H_2O)] \\
&= [2 \cdot 0 + 0]\ \text{kJ} \cdot \text{mol}^{-1} - [2 \cdot (-286)\ \text{kJ} \cdot \text{mol}^{-1} \\
&= +572\ \text{kJ} \cdot \text{mol}^{-1}
\end{aligned}$$

$$\begin{aligned}
\Delta_R S^0 &= [2 \cdot \Delta_B S^0(H_2) + \Delta_B S^0(O_2)] - [2 \cdot \Delta_B S^0(H_2O)] \\
&= [2 \cdot (+131) + (+205)]\ \text{J} \cdot \text{K}^{-1} \cdot \text{mol}^{-1} - [2 \cdot (+70)\ \text{J} \cdot \text{K}^{-1} \cdot \text{mol}^{-1} \\
&= +327\ \text{J} \cdot \text{K}^{-1} \cdot \text{mol}^{-1} = +0{,}327\ \text{kJ} \cdot \text{K}^{-1} \cdot \text{mol}^{-1}
\end{aligned}$$

$$\begin{aligned}
\Delta_R G &= \Delta_R H - T \cdot \Delta_R S^0 \\
&= +572\ \text{kJ} \cdot \text{mol}^{-1} - 298\ \text{K} + 0{,}327\ \text{kJ} \cdot \text{K}^{-1} \cdot \text{mol}^{-1} \\
&= \underline{\underline{+476{,}6\ \text{kJ} \cdot \text{mol}^{-1}}}
\end{aligned}$$

Die freie Enthalpie für die Zerlegung von Wasser in die Elemente beträgt 474,6 kJ · mol^{-1}, die Reaktion läuft also nicht freiwillig ab. Die freie Enthalpie könnte durch die Erhöhung der Temperatur so weit erniedrigt werden, bis die Reaktion unter extremen Bedingungen „freiwillig" abläuft.

Tipp: Die beschriebene Reaktion kann z. B. auch durch die Zufuhr von Arbeit erzwungen werden. Das passiert bei einer Elektrolyse.

Allgemein gibt die freie Enthalpie (GIBBS-Energie) Hinweise darauf, ob eine Reaktion thermodynamisch ablaufen könnte, also ob es eine **Triebkraft** in eine bestimmte Richtung gibt. Aber das heißt nicht, dass die Reaktion unter den gegebenen Bedingungen auch tatsächlich abläuft. Eine chemische Reaktion findet nur dann wahrnehmbar statt, wenn sie mit einer gewissen Geschwindigkeit abläuft. Die Kinetik einer Reaktion spielt folglich auch eine Rolle.

Die Umwandlung von Diamant zu Graphit ist thermodynamisch gesehen begünstigt:
Enthalpie: $\Delta H^0 = -1{,}8$ kJ · mol^{-1}
GIBBS-Energie: $\Delta G^0 = -2{,}9$ kJ · mol^{-}1
Dennoch läuft diese Umwandlung **nicht spontan** ab. Der Grund dafür ist die hohe Energiebarriere (Aktivierungsenergie) von 370 kJ · mol^{-1}, die dafür überwunden werden müsste.
Der thermodynamische Zustand von Diamant wird deshalb auch **metastabil** genannt. Die Umwandlungsreaktion ist **kinetisch gehemmt**. Viele Diamanten sind deshalb Millionen von Jahren alt.

Stichwortverzeichnis

Fit
fürs
ABI?
Mit unseren
ABI-Vorbereitungskursen zur
Höchstform auflaufen!
Bild von © gettyimages.de / Andres Benitez / EyeEm
In mehrtägigen Kursen bringen dich
unsere Lern-Coaches in DEINE persönliche
Bestform:
› Sie zeigen dir, woran DU arbeiten musst.
› Sie helfen dir, DEINEN persönlichen Lern-Trainings-Plan
zu erstellen.
› Sie unterstützen DICH mit exklusiven STARK Lernmaterialien,
die es nur dort gibt.
› Sie stehen dir für DEINE Fragen zur Verfügung.
stark-plus.de